数字安防监控系统设计及安装图集

全国智能建筑技术情报网
中国建筑设计研究院机电院　主编

中国建筑工业出版社

图书在版编目（CIP）数据

数字安防监控系统设计及安装图集/全国智能建筑技术情报网，中国建筑设计研究院机电院主编 . —北京：中国建筑工业出版社，2007
ISBN 978-7-112-09727-2

Ⅰ. 数…　Ⅱ.①全…②中…　Ⅲ.①房屋建筑设备：安全设备-数字系统-系统设计-图集②房屋建筑设备：安全设备-数字系统设备-安装-图集　Ⅳ.TU89-64

中国版本图书馆 CIP 数据核字（2007）第 164954 号

本图集由全国智能建筑技术情报网和中国建筑设计研究院机电院组织松下、三星、通用电气、博康安防、SAFTOP 等 5 家公司编写，包括闭路电视监控、防盗报警、门禁、周界防范等 4 个子系统，适用于办公楼、高级宾馆、机场、影剧院、体育场、车站、银行、图书馆等项目的数字安防监控系统的设计和施工。

本图集既体现了数字安防监控系统在设计方面的宝贵经验，又涵盖了产品具体应用的技术成果，可供设计、施工、监理及相关的专业人员参考使用。

责任编辑：张　磊
责任设计：郑秋菊
责任校对：兰曼利　陈晶晶

数字安防监控系统设计及安装图集
全国智能建设技术情报网
中国建筑设计研究院机电院　主编

*

中国建筑工业出版社出版、发行（北京西郊百万庄）
各地新华书店、建筑书店经销
霸州市顺浩图文科技发展有限公司制版
廊坊市海涛印刷有限公司印刷

*

开本：880×1230 毫米　横 1/8　印张：11¾　字数：378 千字
2008 年 1 月第一版　2015 年 10 月第七次印刷
定价：**45.00**元
ISBN 978-7-112-09727-2
（16391）

《数字安防监控系统设计及安装图集》编委会

主　编：欧阳东　教授级高工　　中国建筑设计研究院机电院院长
　　　　　　　　　　　　　　　全国智能建筑技术情报网常务副理事长

副主编：张文才　教授级高工　　中国建筑设计研究院机电院总工程师
　　　　　　　　　　　　　　　建筑智能化技术专家委员会主任

　　　　李陆峰　教授级高工　　中国建筑设计研究院机电院电气所所长
　　　　　　　　　　　　　　　全国智能建筑技术情报网常务理事

编　委：

　　　　张　青　高　　工　　中国建筑设计研究院机电院主任工程师
　　　　吕　丽　研　究　员　　亚太建设科技信息研究院主编
　　　　　　　　　　　　　　　全国智能建筑技术情报网秘书长
　　　　丘红斌　技　术　总　监　天津三星电子有限公司
　　　　朱新霞　工　程　师　　松下电器（中国）有限公司
　　　　张达明　数字监控销售经理　通用电气智能科技（亚太）有限公司
　　　　田　广　技术副总裁　　博康安防（中国）有限公司
　　　　齐玉田　中国区总经理　SAFTOP 国际有限公司

前　言

　　为响应我国政府提出的"建设和谐社会"和"平安城市"的总体要求，保障我国社会和经济能够不断高速地发展，采用先进和完善的安防系统设计及产品势在必行。随着数字技术的发展，使得传统的安防系统设计及产品应用正在发生一场深刻的革命。以数字化为核心，结合典型工程设计，大力宣传和推荐国内外安防系统的最新技术、最新产品和最新系统设计是我们面临的首要任务。同时，编制《数字安防监控系统设计及安装图集》（以下简称"图集"）也是响应我国政府发出的"建设节约型社会"的号召，通过采用数字安防监控系统，达到建筑安全防范和节能的目的。

　　本图集包括闭路电视监控、防盗报警、门禁、周界防范等 4 个子系统。本图集由主编单位中国建筑设计研究院机电院的设计专家对参编单位提供的技术图纸进行了审核，使技术图纸满足设计的要求，具有很高的实用和参考价值。通过本图集，大力宣传了《数字监控系统》、《数字监控系统网络结构》、《模拟监控系统》、《数字、模拟混合监控系统》、《监控系统的智能化分析与图像记录》、《门禁系统》、《防盗报警系统》、《周界防范系统》等。对建设单位而言，是通过使用数字安防监控系统，达到安全防范的目的；对厂商而言，是对数字安防监控系统的推广宣传过程；对设计人员而言，有利于系统和设备的选型；对工程监理人员和施工人员而言，均起到安装指导和借鉴的作用。总之，本图集是一手托五家，对建设单位、供货厂商、设计单位、工程监理单位和施工单位均有好处。

　　本图集的适用对象以民用建筑为主，适用于办公楼、高级宾馆、饭店、机场、影剧院、体育场（馆）、火车/地铁站、银行、百货商店、金融中心、博物馆、展览馆、图书馆等项目的数字安防监控系统的设计和施工。

　　本图集既融合了多位奋战在设计一线专家的宝贵经验，同时也得到了多家著名厂商对该系统产品具体应用的技术支持，是一本不可多得的设计实用图集。本图集的编制得到了天津三星电子有限公司、松下电器（中国）有限公司、通用电气智能科技（亚太）有限公司、博康安防（中国）有限公司和 SAFTOP 国际有限公司等五家知名公司的大力支持，在此致以诚挚的谢意，并对协助本图集出版和制图工作的王铮、蒙建卫、钟然等人员表示感谢。

　　由于时间、水平所限，本图集若有不足之处，敬请批评指正！

全国智能建筑技术情报网　常务副理事长
中国建筑设计研究院机电院　院　长

目　录

SAFTOP 国际有限公司

编 制 说 明

1 概述

在国内外市场上，主要推出的是数字控制的模拟视频监控和数字视频监控两类产品。前者技术发展已经非常成熟、性能稳定，并在实际工程应用中得到广泛应用，特别是在大、中型视频监控工程中的应用尤为广泛；后者是新近崛起的以计算机技术及图像视频压缩为核心的新型视频监控系统，该系统因解决了模拟系统部分弊端而迅速崛起，但仍需进一步完善和发展。目前，视频监控系统正处在数控模拟系统与数字系统混合应用并将逐渐向数字系统过渡的阶段。

前端一体化、视频数字化、监控网络化、系统集成化是视频监控系统公认的发展方向，而数字化是网络化的前提，网络化又是系统集成化的基础，所以，视频监控发展的最大两个特点就是数字化和网络化。

视频监控系统的数字化首先应该是系统中信息流（包括视频、音频、控制等）从模拟状态转为数字状态，这将彻底打破"经典闭路电视系统是以摄像机成像技术为中心"的结构，根本上改变了视频监控系统从信息采集、数据处理、传输、系统控制方式到系统结构形式。信息流的数字化、编码压缩、开放式的协议，使视频监控系统与安防系统中其他各子系统间实现无缝连接，并在统一的操作平台上实现管理和控制，这也是系统集成化的含义。

视频监控系统的网络化将意味着系统的结构将由集中式向集散式过渡。集散式系统采用多层分级的结构形式，具有微内核技术的实时多任务、多用户、分布式操作系统以实现抢先任务调度算法的快速响应。组成集散式监控系统的硬件和软件采用标准化、模块化和系列化的设计，系统设备的配置具有通用性强、开放性好、系统组态灵活、控制功能完善、数据处理方便、人机界面友好以及系统安装、调试和维修简单化，系统运行互为热备份，容错可靠等优点。

系统的网络化在某种程度上打破了布控区域和设备扩展的地域和数量界限。系统网络化将使整个网络系统硬件和软件资源的共享以及任务和负载的共享，这也是系统集成的一个重要概念。

为了适应市场的发展；我们在这里主要针对视频安防监控系统、出入口控制系统，与五家知名企业共同编制了《数字安防监控系统设计及安装图集》，从产品介绍、系统构成、设备安装、实际工程案例几个方面进行阐述，同时由于入侵报警系统与视频监控系统、出入口控制系统的连带关系，所以在这里也介绍了入侵报警系统的设置原则及要求。

汇集的公司有天津三星电子有限公司、松下电器（中国）有限公司、通用电气智能科技（亚太）有限公司、博康安防（中国）有限公司、SAFTOP国际有限公司，希望我们的工作对建筑电气设计人员、施工人员、建设单位及想了解安防系统的人员有所帮助。

2 执行相关标准及规范

《入侵报警系统工程设计规范》（GB 50394—2007）
《视频安防监控系统工程设计规范》（GB 50395—2007）
《出入口控制系统工程设计规范》（GB 50396—2007）
《建筑设计防火规范》（GB 50016—2006）
《建筑物防雷设计规范》（GB 50057）
《建筑物电子信息系统防雷技术规范》（GB 50343—2004）

3 视频安防监控系统

视频安防监控系统一般由前端、传输、控制及显示记录四个主要部分组成。前端部分包括一台或多台摄像机以及与之配套的镜头、云台、防护罩、解码驱动器等；传输部分包括电缆和/或光缆，以及可能的有线/无线信号调制解调设备等；控制部分主要包括视频切换器、云台镜头控制器、操作键盘、各类控制通信接口、电源和与之配套的控制台、监视器等；显示记录设备主要包括监视器、录像机、多画面分割器等。

3.1 系统设备要求

3.1.1 系统各部分设备选型

1）前端设备可为分离组合型摄像机，也可为一体化摄像机。

2）传输设备可为普通的电缆，也可为光调制解调设备与光纤配合，也可以为微波开路传输设备。

3）显示设备可以是普通的电视机、专业监视器，也可以是显示器和/或其他设备如投影机、组合大屏幕等；记录设备可以为普通录像机、长时延录像机，也可以是数字记录设备如数字硬盘录像设备，以及可能培植的多画面分割器、大屏幕控制器等。

4）显示设备的配置数量应满足现场监视用摄像机数量和管理使用的要求，即应合理确定视频输入输出的配比关系。

5）显示设备的屏幕尺寸应满足观察者的监视要求。

6）数字图像记录设备应根据管理要求，合理选择。设备自身应有不可修改的系统特征信息（如系统"时间戳"、跟踪文件或其他硬件措施），以保证系统记录资料的完整性。

7）控制设备中的切换器与云台镜头控制器等可以是分离的，通常在稍大的系统内，切换器、云台镜头控制器等采用集成式设备。

3.1.2 协调性

各种配套设备的性能及技术要求应协调一致，保证系统的图像质量损失在可接受的范围内。

3.2 系统设计要求

3.2.1 规范性和实用性

视频安防监控系统的设计应基于对现场的实际勘察，根据环境条件、监视对象、投资规模、维护保养以及监控方式等因素统筹考虑。系统的设计应符合有关风险等级和防护级别的要求，符合有关设计规范、设计任务及建设方的管理和使用要求。

3.2.2 先进性和互换性

视频安防监控系统的设计在技术上应具有适度超前性和设备的互换性，为系统的增容和/或改造留有余地。

3.2.3 准确性

视频安防监控系统应能在现场环境条件和所选设备条件下，对防护目标进行准确、实时的监控，应能根据设计要求，清晰显示和/或记录防护目标的可用图像。

3.2.4 完整性

1）系统应保持图像信息和声音信息的原始完整性和实时性，即无论中间过程如何处理，应使最后显示/记录/回放的图像和声音与原始场景保持一致，即在色彩还原性、图像轮廓的还原性（灰度级）、事件后继性、声音特征等方面均与现场场景保持最大的相似性（主观评价），并且后端图像和声音的实时显示与现场事件发生之间的延迟时间应在合理范围之内。

2）应对现场视频探测范围有一个合理的分配，以便获得现场的完整的图像信息，减少目标区域的盲区。

3）当需要复核监视现场声音时，系统应配置声音复合装置（音频探测）。

3.2.5 联动兼容性

视频安防监控系统应能与入侵报警系统、出入口控制系统等联动。当与其他系统联合设计时，应进行系统集成设计，各系统之间应相互兼容又能独立工作。

对于中型和大型的视频安防监控系统应能够提供相应的通信接口，以便与管理计算机或网络连接，形成综合性的多媒体监控网络。

3.3 系统功能要求

3.3.1 概述

系统应具有对图像信号采集、传输、切换控制、显示、分配、记录和重放的基本功能。

3.3.2 视频探测与图像信号采集

1）视频探测设备应能清晰有效地（在良好配套的传输和显示设备情况下）探测到现场的图像，达到四级（含四级）以上图像质量等级。对于电磁环境特别恶劣的现场，其图像质量应不低于三级。

2）视频探测设备应能适应现场的照明条件，环境照度不满足视频监测要求时，应配置辅助照明。

3）视频探测设备的防护措施应与现场环境相协调，具有相应的设备防护等级。

4）视频探测设备应与观察范围相适应，必要时，固定目标监视与移动目标跟踪配合使用。

3.3.3 控制

1）根据系统规模，可设置独立的视频监控室，也可与其他系统共同设置联合监控室，监控室内放置中心控制设备，并为值班人员提供值班场所。

2）监控室应有保证设备和值班人员安全的防范设施。

3）视频监控系统的运行控制和功能操作应在控制台上进行。

4）大型系统应能对前端视频信号进行监测，并能给出视频信号丢失的报警信息。

5）系统应能手动或自动操作，对摄像机、云台、镜头、防护罩等的各种动作进行遥控。

6）系统应能手动切换或编程自动切换，对所有的视频输入信号在指定的监视器上进行固定或时序显示。

7）大型和中型系统应具有存储功能，在市电中断或关机时，对所有编程设置、摄像机号、时间、地址等信息均可保持。

8）大型和中型系统应具有与报警控制器联动的接口，报警发生时能切换出相应部位摄像机的图像，予以显示和记录。

9）系统其他功能配置应满足使用要求和冗余度要求。

10）大型和中型系统应具有与音频同步切换的能力。

11）根据用户使用要求，系统可设立分控设施，分控设施通常应包括控制设备和显示设备。

12）系统联动响应时间应不大于 4s。

3.3.4 信号传输

1）信号传输可以采用有线和/或无线介质，利用调制解调等方法；可以利用专线或公共通信网路传输。

2）各种传输方式，均应力求视频信号输出与输入的一致性和完整性。

3）信号传输应保证图像质量和控制信号的准确性（响应及时和防止误动作）。

4）信号传输应有防泄密措施，有线专线传输应有防信号泄露和/或加密措施，有线公网传输和无线传输应有加密措施。

3.3.5 图像显示

1）系统应能清晰显示摄像机所采集的图像。即显示设备的分辨率应不低于系统图像质量等级的总体要求。

2）系统应有图像来源的文字提示，日期、时间和运行状态的提示。

3.3.6 视频信号的处理和记录/回放

1）视频移动报警与视频信号丢失报警功能可根据用户的使用要求增加必要的设施。

2）当需要多画面组合显示或编码记录时，应提供视频信号处理装置——多画面分割器。

3）根据需要，对下列视频信号和现场声音应使用图像和声音记录系统存储：

（1）发生事件的现场及其全过程的图像信号和声音信号；

（2）预定地点发生报警时的图像信号和声音信号；

（3）用户需要掌握的动态现场信息。

4）应能对图像的来源、记录的时间、日期和其他的系统信息进行全部或有选择的记录。对于特别重要的固定区域的报警录像宜提供报警前的图像记录。

5）记录图像数据的保存时间应根据应用场合和管理需要合理确定。

6）图像信号的记录方式可采用模拟式和/或数字式，应根据记录成本和法律取证的有效性（记录内容的唯一性和不可改性）等因素综合考虑。

7）系统应能够正确回放记录的图像和声音，正确检索记录信息的时间地点。

3.3.7 系统分级

系统可根据其规模、功能、设备性能指标的不同进行分级。

3.4 电源

1）供电范围：视频安防监控系统的供电范围包括系统所有的设备及辅助照明设备。

2）电源总要求：视频安防监控系统专有设备所需电源装置，应有稳压电源和备用电源。

3）稳压电源：稳压电源应具有净化功能，其标称功率应大于系统使用总功率的 1.5 倍。

4）备用电源：备用电源（可根据需要不对辅助照明供电），其容量应至少能保证系统正常工作时间不小于 1h。备用电源可以是下列之一或其组合。

- 二次电池及充电器
- UPS 电源
- 备用发电机

5）前端设备供电方式：前端设备（不含辅助照明装置）供电应合理配置，宜采用集中供电方式。

6）辅助照明电源要求：辅助照明的电源可根据现场情况合理配置。

7）电源安全要求：电源应具有防雷和防漏电措施，具有安全接地。

3.5 安全性要求

视频安防监控系统的任何部分的机械结构应有足够的强度，能满足使用环境的要求，并能防止由于机械不稳定、移动、突出物和锐边造成对人员的危害。

3.6 防雷接地要求

1）设计系统时，选用的设备应符合电子设备的雷电防护要求。

2）系统应有防雷击措施。应设置电源避雷装置，宜设置信号避雷或隔离装置。

3）系统应等电位接地。接地装置应满足系统抗干扰和电气安全的双重要求，并不得与强电的电网零线短接或混接。系统单独接地时，接地电阻不大于 4Ω，接地导线截面积应大于 $25mm^2$。

4）室外装置和线路的防雷与接地设计应结合建筑物防雷要求统一考虑，并符合有关国家标准，行业标准的要求。

3.7 环境适应性要求

1）在易燃易爆等危险环境下运行的系统设备应有防爆措施。

2）在过高、过低温度和/或过高、过低气压环境下，和/或在腐蚀性强、湿度大的环境下运行的系统设备，应有相应的防护措施。

3.8 系统可靠性要求

1）系统所使用设备的平均无故障间隔时间（MTBF）应不小于 5000h。

2）系统验收后的首次故障时间应大于 3 个月。

3.9 标志

3.9.1 系统设备的标牌

系统设备应有标牌，标牌的内容至少应包括：设备名称、生产厂家、生产日期或批次、供电额定值等。

3.9.2 端子和引线

系统各联机端子和引线应以颜色、规格、标示、编号等方法加以标记，以便安装时查找和长期维护。

4 出入口控制系统

出入口控制系统主要由识读部分、传输部分、管理/控制部分和执行部分以及相应的系统软件组成，控制模式可以分成三种，其一：单向感应式（读卡器＋控制器＋开门按钮＋电锁），使用者在门外出示经过授权的感应卡，经读卡器识别确认合法身份后，控制器驱动打开电锁放行，并记录进门时间。使用者在门内准备外出时，按开门按钮，打开电锁，直接外出。适用于安全级别一般的环境，可以有效地防止外来人员的非法进入，是最常用的管理模式。其二：双向感应式（读卡器＋控制器＋读卡器＋电锁），使用者在门外出示经过授权的感应卡，经读卡器识别确认身份后，控制器驱动打开电锁放行，并记录进门时间。使用者离开所控房间时，在门内同样要出示经过授权的感应卡，经读卡器识别确认身份后，控制器驱动打开电锁放行，并记录出门时间。适用于安全级别较高的环境，不但可以有效地防止外来人员的非法进入，而且可以查询最后一个离开的人和时间，便于特定时期（例如失窃时）落实责任提供证据。其三：卡＋密码式，刷完卡后，必须输入正确的密码，才能开门。密码是个性化的密码，即一人一密码。这样做的优点在于，用于安全性更高的场合，即使该卡片给人拣到也无法进入，还需要输入正确的密码。

4.1 系统各部分主要功能

4.1.1 识读部分功能

1）识读部分应能通过识读现场装置获取操作及钥匙信息并对目标进行识别，应能将信息传递给管理/控制部分处理，也可接受管理/控制部分的指令。

2）系统应有"识别率"/"误识率"、"拒认率"、"识读响应时间"等指标，并且在产品说明书中举出。

3）对识读现场装置的各种操作以及接受管理/控制部分的指令等应有对应的指示信号。

4）采用的识别方法（如编码识别、特征识别）和方式（如"一人/一物与一个识别信息对应"和/或"一类人员/物品与一个识别信息对应"）应操作简单，识读信息可靠。

4.1.2 传输要求

1）联网控制型系统中编程/控制/数据采集信号的传输可采用有线和/或无线传输方式，且应具有自检、巡检功能，应对传输路径的故障进行监控。

2）具有C级防护能力的联网控制型系统应与远程中心进行有线和/或无线通信的接口。

4.1.3 管理/控制部分功能

1）管理/控制部分是出入口控制系统的管理控制中心，也是出入口控制系统的人机管理界面。

2）系统的管理/控制部分传输信息至系统其他部分的响应时间，应在产品说明书中列举出。

3）接收识读部分传来的操作和钥匙信息，与预先存储、设定的信息进行比较、判断，对目标的出入行为进行鉴别及核准；对符合出入授权的目标，向执行部分发出予以放行的指令。

4）设定识别方式、出入口控制方式和输出控制信号。

5）处理报警情况，发出报警信号。

6）实现扩展的管理功能（如考勤、巡更等）与其他控制及管理系统的连接（如与防盗报警、视频监控、消防报警等的联动）。

7）对系统操作（管理）员的授权管理和登录核准进行管理，应设定操作权限，使不同级别的操作（管理）员对系统有不同的操作能力；应对操作员的交接和登录系统有预定程序；B、C防护级别的系统应将操作员及操作信息记录于系统中。

8）事件记录功能：将出入事件、操作事件、报警事件等记录存储于系统的相关载体中，并能形成报表以备查看。A防护级别的管理/控制部分的现场控制设备中的每个出入口记录总数不小于32个，B、C防护级别的管理/控制部分的现场控制设备中的每个出入口记录总数不小于1000个。中央管理主机的事件存储载体，应根据管理与应用要求至少能存储不少于180天的事件记录。存储的记录应保持最新的记录值。事件记录采用4W的格式，即When（什么时间）、Who（谁）、Where（什么地方）、What（干什么）。其中时间信息应包含：年、月、日、时、分、秒，年应采用千年记法。

9）事件阅读、打印与报表生成功能：经授权的操作（管理）员可将授权范围内的事件记录、存储于系统相关载体中的事件信息，进行检索、显示和/或打印，并可生成报表。

4.1.4 执行部分功能

1）执行部分接收管理/控制部分发来的出入控制命令，在出入口做出相应的动作和/或指示，实现出入口控制系统的拒绝与放行操作和/或指示。

2）执行部分由闭锁部件或阻挡部件以及出入准许指示装置组成。通常采用的闭锁部件、阻挡部件有：各种电控锁、各种电动门、电磁吸铁、电动栅栏、电动挡杆等；出入准许指示装置主要是发出声响和/或可见光信号的装置。

3）出入准许指示装置可采用声、光、文字、图形、物体位移等多种指示。准许和拒绝两种状态应易于区分而不致混淆。

4.2 系统设计原则

4.2.1 规范性与实用性

系统的设计应基于对现场的实际勘察，根据环境条件、出入管理要求、各受控区的安全要求、投资规模、维护保养以及识别方式、控制方式等因素进行设计。系统设计应符合有关风险等级和防护级别标准的要求，符合有关设计规范、设计任务书及建设方的管理和使用要求。

4.2.2 先进性和互换性

系统的设计在技术上应有适度超前性，可选用的设备应有互换性，为系统的增容和/或改造留有余地。

4.2.3 准确性与实时性

系统应能准确实时地对出入目标的出入行为实施放行、拒绝、记录和报警等操作。

系统的拒绝率应控制在可以接受的限度内。采用自定义特征信息的系统不允许有误识，采用模式特征信息的系统的误识率应根据不同的防护级别要求控制在相应范围内。

4.2.4 功能扩展性

根据管理功能要求，系统的设计可利用目标及其出入事件等数据信息，提供如考勤、巡更、客房人员管理、物流统计等功能。

4.2.5 联动性与兼容性

出入口控制系统应能与报警系统、视频安防监控系统等联动。当与其他系统联合设计时，应进行系统集成设计，各系统之间应相互兼容又能独立工作。

4.3 设备结构、强度及安装要求

4.3.1 设备结构

1）各活动部件依据说明书内容应活动自如，配合到位，手动部件（如键盘、按钮、执手、柄、转盘等）手感良好。控制机构动作灵活、无卡滞现象。

2）有防护面的设备（装置）的结构应能使该设备（装置）在安装后从防护面不易被拆卸。

4.3.2 操作部件机械强度

1）处于防护面的操作键或按钮应能够承受60N按压力连续100次的按动，该键或钮不应产生故障和输入失效现象。

2）处于防护面的接触式编码载体识读装置，能够承受利用编码载体的故意恶意操作而不产生故障和损坏。

3）对闭锁后位于防护面的手动开启相关部件施加980N的静压力和11.8N·m的扭矩时，该部件不应产生变形、损坏、离位现象，闭锁部件也不得被开启。

4.3.3 连接

1）系统各设备（装置）之间的连接应有明晰的标示（如接线柱/座有位置、规格、定向等特征，引出线有颜色区分或以数字、字符标示）。

2）执行部分的输入电缆在该出入口的对应受控区、同级别受控区或高级受控区外的部分，应具有相应的抗拉伸、抗弯折性能，须用强度不低于镀锌钢管的保护材料加以保护。

3）系统各设备（装置）外壳之间的连接应能以隐蔽工程连接。

4.3.4 安装位置

1）识读现场装置的安装位置应便于目标的识读操作。

2）如果管理/控制设备是采用电位和/或电脉冲信号控制和/或驱动执行部分的，则某出入口的与信号相关的接线与连接装置必须置于该出入口的对应受控区、同级别受控区或高级受控区内。

3）用于完成编程与实时监控任务的出入口管理控制中心，应位于最高级别防区内。

4.4 安全性要求

4.4.1 通过目标的安全性

系统的任何部分、任何动作以及对系统的任何操作都不应对出入目标及现场管理、操作人员的安全造成危害。

4.4.2 紧急险情下的安全性

如果系统应用于人员出入控制，且通向出口或安全通道方向为防护面，则系统须与消防监控系统及其他紧急疏散系统联动，当发出火警或需紧急疏散时，不使用钥匙人员应能迅速安全地通过。

4.5 电源

系统的主电源可以仅使用电池或交流市电供电，也可以将交流电源转换为低电压直流供电。可以使用二次电池及充电器、UPS电源、发电机作为备用电源。如果系统的执行部分为闭锁装置，且

该装置的工作模式为加电闭锁断电开启时，B、C 防护级别的系统必须使用备用电源。

4.5.1 电池容量

1）仅使用电池供电时，电池容量应保证系统正常开启 10000 次以上。

2）使用备用电池时，电池容量应保证系统连续工作不少于 48h，并在其间正常开启 50 次以上。

4.5.2 主电源和备用电源转换

4.5.3 欠压工作

1）当以交流市电转换为低电压直流供电时，直流电压降低至标称电压值的 85% 时，系统应仍正常工作并发出欠压指示。

2）仅以交流市电供电时，当交流市电电压降低至标称电压值的 85% 时，系统应仍正常工作并发出欠压指示。

3）仅以电池供电时，当电池电压降低至仅能保证系统正常启闭不少于若干次时应给出欠压指示，该次数由制造厂标示在产品说明中。

4.5.4 过流保护

当出入控制设备的执行启闭动作的电动或电磁等部件短路时，进行任何开启、关闭操作都不得导致电源损坏，但允许更换保险装置。

4.5.5 电源电压范围

1）当交流市电供电时，电源电压在额定值的 85%～115% 范围内，系统不需要做任何调整应能正常工作。

2）仅以电池供电时，电源电压在电池的最高电压值和欠压值范围内，系统不需要做任何调整应能正常工作。

4.5.6 外接电源

1）系统可以使用外接电源。在标示的外接电源的电源电压范围内，系统不需要做任何调整应能正常工作。

2）短路外接电源输入口，对系统不应有任何影响。

4.6 防雷接地要求

1）设计出入口控制系统时，选用的设备应符合电子设备的雷电防护要求。

2）系统应有防雷击措施。应设置电源避雷装置，宜设置信号避雷装置。

3）系统应等电位接地。系统单独接地时，接地电阻不大于 4Ω，接地导线截面积应大于 25mm^2。

4）室外装置和线路的防雷与接地设计应符合有关国家标准和行业标准的要求。

4.7 环境适应性要求

在有腐蚀性气体或易燃易爆环境中工作的系统设备，应有相应的保护措施。

4.8 可靠性要求

1）系统所使用的设备，其平均无故障工作时间（MTBF）不应小于 10000h。

2）系统验收后的首次故障时间应大于 3 个月。

5 入侵报警系统

入侵报警系统应包括前端设备、传输设备和控制/显示/处理/记录设备。前端设备包括一个或多个探测器；传输设备包括电缆或数据采集和处理器（或地址编解码器/发射接收装置）；控制设备包括控制器或中央控制台，控制器/中央控制台应包含控制主板、电源、声光指示、编程、记录装置以及信号通信接口等。入侵报警系统的设计应基于对现场的实际勘察，根据环境条件、防范对象、投资规模、维护保养等因素进行设计。系统的设计应符合有关风险等级和防护级别标准的要求，符合有关设计规范、设计任务书及建设方的管理和使用要求。设备选型应符合有关国家标准、行业标准和相关管理规定的要求。

5.1 先进性和互换性

入侵报警系统的设计在技术上应有适度超前性和互换性，为系统的增容和/或改装留有余地。

5.2 准确性

1）入侵报警系统应能准确及时地探测入侵行为、发出报警信号；对入侵报警信号、防拆报警信号、故障信号的来源应有清楚和明显的指示。

2）入侵报警系统应能进行声音复核，与电视监控系统联动的入侵报警系统工程应能同时进行声音复核和图像复核。

3）系统误报警率应控制在可接受的限度内。入侵报警系统不允许有漏报警。

5.3 完整性

应对入侵设防区域的所有路径采取防范措施，对入侵路径上可能存在的实体防护薄弱环节应有加强防范措施，所防护目标的 5m 范围内应无盲区。

5.4 纵深防护性

入侵报警系统的设计应采用纵深防护体制，应根据被保护对象所处的风险等级和防护级别，对整个防范区域实施分区域、分层次的设防。一个完整的防区，应包括周界、监视区、防护区和禁区四种不同类型的防区，对它们应采取不同的防护措施。

5.5 联动兼容性

入侵报警系统应能与电视监控系统、出入口控制系统等联动。当与其他系统联合设计时，应进行系统集成设计，各系统之间应相互兼容又能独立工作。入侵报警的优先权仅次于火警。

5.6 安全性要求

1）入侵报警系统的任何部分的机械结构应有足够的强度，能满足使用环境的要求，并能防止由于机械不稳定、移动、突出物和锐边造成对人员的伤害。

2）在具有易燃易爆物质的特殊区域，入侵报警系统应有防爆措施。

3）室外有线入侵报警系统的线路宜屏蔽。

5.7 系统基本功能

5.7.1 探测

入侵报警系统应对下列可能的入侵行为进行准确、实时的探测并产生报警状态：

1）打开门、窗、空调百叶窗等；

2）用暴力通过门、窗、顶棚、墙及其他建筑结构；

3）破碎玻璃；

4）在建筑物内部移动；

5）接触或接近保险柜或重要物品；

6）紧急报警装置的触发。

5.7.2 响应

当一个或多个设防区域产生报警时，入侵报警系统的响应时间应符合下列要求：

1）分线制入侵探测报警系统：不大于 2s；

2）无线和总线制入侵报警系统的任一防区首次报警：不大于 3s；其他防区后续报警：不大于 20s。

5.7.3 指示

入侵报警系统应能对下列状态的事件来源和发生的时间给出指示：

1）正常状态；

2）试验状态；

3）入侵行为产生的报警状态；

4）防拆报警状态；

5）故障状态；

6）主电源掉电、备用电源欠压；

7）设置警戒（布防）/解除警戒（撤防）状态；

8）传输信息失败。

5.7.4 传输

1）报警信号的传输可采用有线和/或无线传播方式；

2）报警传输系统应具有自检、巡检功能；

3）入侵报警系统应有与远程中心进行有线和/或无线通信的接口，并能对通信线路的故障进行监控。

5.8 电源

入侵报警系统应有备用电源，其容量至少应能保证系统正常工作时间大于 8h。备用电源可以是下列之一或其组合：

1）二次电池及充电器；

2）UPS 电源；

3）发电机。

5.9 防雷接地要求

1）入侵报警系统应有防雷击措施。应设置电源避雷装置，宜设置信号避雷装置。

2）系统应等电位接地；单独接地电阻不大于 4Ω，接地导线截面应大于 25mm²。

3）室外装置和线路应设置防雷和接地保护。

5.10 环境适应性要求

在有腐蚀性气体和易燃易爆环境中工作的入侵报警系统设备，应有相应的保护措施。

6 图集适用范围

本图集适用对象以民用建筑为主，适用于高级宾馆饭店、高层公寓、办公楼、展览馆、博物馆、火车站、机场、体育场（馆）、影剧院、商场、银行、电信大楼、广播大楼、重要的图书资料库、大中型电子计算机房、汽车库等工程。

7 图集主要内容

本图集参编公司中天津三星电子有限公司介绍视频安防系统产品性能，列举了大量的工程实例，同时列举了部分含入侵报警系统的实例，松下电器（中国）有限公司、通用电气智能科技（亚太）有限公司从系统构成、产品应用出发，提供了工程实际中的应用，博康安防（中国）有限公司从视频安防系统的方案上列举了很多解决方案，SAFTOP 国际有限公司介绍出入口控制系统组成、产品特性、设备的安装详图及实际工程的应用。

8 本图集收集了三星电子、松下电器、博康安防三家公司的主要产品。表1～表3分别为三星电子的摄像设备、录像设备和监视设备，表4和表5分别为松下 I-Pro 监控系统摄像机和记录产品一览表，表6为博康 BVx 常用产品。

三星电子视频监控系统摄像设备　　表1

型号	CCD尺寸	光学变焦	分辨率TV线	最低照度彩色/黑白	隐私区域	宽动态	菜单	日夜转换	数字降噪	背光补偿	电源
SCC-A2013P	1/2″	—		0.12/0.012lx	24	—	★	★	★	★	AC220V
SCC-A2313P	1/2″	—		0.12/0.012lx	24	—	★	★	★	★	AC24V/DC12V
SCC-B2013P	1/3″	—		0.12/0.012lx	24	—	★	★	★	★	AC220V
SCC-B2313P	1/3″	—		0.12/0.012lx	24	—	★	★	★	★	AC24V/DC12V
SCC-B2015P	1/3″	—	540	0.12/0.012lx	24	★	★	★	★	★	AC220V
SCC-B2315P	1/3″	—	540	0.12/0.012lx	24	★	★	★	★	★	AC24V/DC12V
SCC-B2025P	1/3″	—					★	★	★	★	AC220V
SCC-B2325P	1/3″	—					★	★	★	★	AC24V/DC12M
SCC-B1391P	1/3″	—								★	AC24V/DC12V
SCC-B2391P	1/3″	—					★			★	AC24V/DC12V
SCC-B2011P	1/3″	—		0.12lx			★			★	AC220V
SCC-B2311P	1/3″	—		0.12lx			★			★	AC24V/DC12V
SCC-B2003P	1/3″	—		0.3/0.06lx		★	★			★	AC220V
SCC-B2303P	1/3″	—	500	0.3/0.06lx		★	★			★	AC24V/DC12V
SCC-B2005P	1/3″	—			8	★	★			★	AC220V
SCC-B2305P	1/3″	—			8	★	★			★	AC24V/DC12V
SCC-B2007P	1/3″	—		0.2lx/0.03lx		★	★			★	AC220V
SCC-B2307P	1/3″	—		0.2lx/0.03lx		★	★			★	AC24V/DC12V
SCC-101BP	1/3″	—	480	0.3lx						★	AC220V
SCC-131BP	1/3″	—	480	0.3lx						★	AC24V/DC12V
SCC-B5352P	1/3″	2X		0.12lx			★		★	★	AC24V/DC12V
SCC-B5353P	1/3″	2X		0.12/0.012lx			★			★	AC24V/DC12V
SCC-B5392P	1/3″	2X	540	0.12lx			★			★	AC24V/DC12V
SCC-B5393P	1/3″	2X		0.12/0.012lx			★			★	AC24V/DC12V
SCC-B5311P	1/3″	固定		0.3lx			★			★	AC24V/DC12V
SCC-B5313P	1/3″	固定		0.3lx			★			★	AC24V/DC12V
SCC-B5315P	1/3″	固定		0.3lx			★			★	AC24V/DC12V
SCC-B5310P	1/3″	固定		0.2lx			★			★	AC24V/DC12V
SCC-B5300P	1/3″	固定	330	0.3lx						★	AC24V/DC12V
SCC-B5301GP	1/3″	固定		0.5lx						★	AC24V/DC12V
SCC-B5303P	1/3″	固定		0.5lx						★	AC24V/DC12V
SCC-B5305GP	1/3″	固定	480	0.5lx						★	AC24V/DC12V
SCC-B5351GP	1/3″	2X		0.3lx						★	AC24V/DC12V
SCC-B5381GP	1/3″	2X		0.3lx		★				★	AC24V/DC12V
SCC-B5203P	1/3″	固定	520	0.3lx						★	DC12V
SCC-B5203SP	1/3″	固定	520	0.3lx						★	DC12V
SCC-931TP	1/4″	12X		1.0lx				★		★	AC24V/DC12V
SCC-C9302P	1/4″	12X		0.2/0.02lx		★	★	★		★	AC24V/DC12V
SCC-C9302FP	1/4″	12X		0.2/0.02lx		★	★	★		★	AC24V/DC12V
SCC-C4201P	1/4″	22X		0.3/0.4lx				★		★	DC12V
SCC-C4301P	1/4″	22X		0.3/0.4lx			★	★		★	AC24V/DC12V
SCC-C4203AP	1/4″	22X	480	0.3/0.4lx			★	★		★	DC12V
SCC-C4303AP	1/4″	22X		0.3/0.4lx			★			★	AC24V/DC12V
SCC-C4205P	1/4″	22X		0.2/0.07lx	8	★	★	★		★	DC12V
SCC-C4207P	1/4″	32X		0.2/0.07lx	8	★	★	★		★	DC12V
SCC-C6403P	1/4″	32X		0.3/0.03lx			★	★		★	AC24V
SCC-C6407P	1/4″			0.2/0.07lx	12	★	★	★		★	AC24V
SCC-641P	1/4″			0.3lx			★			★	AC24V
SCC-643AP	1/4″	22X		0.3/0.4lx	8	★	★			★	AC24V
SCC-C6405P	1/4″	22X		0.2/0.07lx	8	★	★	★		★	AC24V
SCC-C6475P	1/4″			0.2/0.07lx	12	★	★	★		★	AC24V

三星电子视频监控系统录像设备　　表2

		设备1	设备2	设备3	设备4	设备5	设备6
操作系统		Linux					
广播制式		PAL					
监视速度		Full D1；100ips		Full D1；400ips		Full D1；200ips	
录像速度		CIF；100ips				CIF；200ips	
压缩方式	视频	MPEG-4					
	音频	ADPCM					
输入/输出	视频	4/4		16/16		8/8	
	音频	4/1				8/1	
	报警	4/2		16/4		8/4	
储存容量（选购）	内置	HDD；250GBx2	HDD；250GBx4	HDD；250GBx3	HDD；250GBx4	HDD；250GBx4	HDD；250GBx4
	扩展	HDD；250GBx1					
录像模式	手动	★	★	★	★	★	★
	时间表	★	★	★	★	★	★
	事件	★	★	★	★	★	★
搜索模式	日期/时间	★	★	★	★	★	★
	事件	★	★	★	★	★	★
	到最前	★	★	★	★	★	★
	到最后	★	★	★	★	★	★
	备份	★	★	★	★	★	★
无盘启动		★	★	★	★	★	★
RS-485 控制		★	★	★	★	★	★
三工模式（监视/回放/录像）		★	★	★	★	★	★
RS-485 控制		★	★	★	★	★	★
键盘控制		★	★	★	★	★	★
网络功能		★	★	★	★	★	★
备份	USB 硬盘	★	★	★	★	★	★
	U 盘	★	★	★	★	★	★
	USB 刻录机	★	★	★	★	★	★
断电自动恢复功能		★	★	★	★	★	★
内置 CD-RW			★				

三星电子视频监控系统监视设备　　表3

型　号	SMC-152F	SMC-212F	SMP-210P	SMC-214P	SMT-1721P	SMT-1921P
广播制式	PAL					
显示屏尺寸	15″	21″			17″	19″
水平分辨率	500TVL				1280×1024	
视频输入	4	4	2	4	2	2
视频输出	1	1	2	1	2	2
音频输入	4	4	2	4	2	2
音频输出	1	1	2	1		
VGA 输入	1	1	1	1	1	1
S-VIDEO	1	1	1	1	1	1

松下电器 I-Pro 网络监控系统摄像机一览表 表4

序号	图例	名称	型号	规格说明	安装方式(长×宽×高)	备注
1		第三代超级动态网络彩色一体化摄像机	WV-NS202	· 第三代超级动态功能:基于每个像素的 160 倍动态范围 · 1/4 型逐行扫描 CCD　· MPEG-4、JPEG 双模式输出 · 支持多种网络协议　· 模拟视频输出:1.0V[p-p]/75Ω · 最低照度:0.7lx　· 支持以太网供电(PoE)功能 · 22 倍光学变焦＋10 倍电子变焦　· 双向音频 · 水平旋转:0°～350°　· 垂直旋转:−30°～90° · 旋转速度:手动 1°/s～100°/s 预置位最大 300°/s · 最多可设置 64 个预置位　· 最多可设置 8 个隐私区遮挡 · 支持 16 画面显示　· 内置 SD 卡插槽 · 视频移动检测(VMD)功能　· 自动跟踪功能	壁装 ϕ115mm(D)×154mm(H)	WV-NS202(DC 12V) 或 PoE DC 48V
2		网络彩色半球摄像机	WV-NF284	· 1/4 型逐行扫描 CCD　· MPEG-4、JPEG 双模式输出 · 3.6 倍光学变焦(2.8～10mm)　· 支持以太网供电(PoE)功能 · 支持多种网络协议　· 最低照度:1.5lx@F1.4 · 内置 SD 卡插槽　· 视频移动检测(VMD)功能 · 内置拾音器　· 电子灵敏度提升 · 模拟视频输出:1.0V[p-p]/75Ω	壁装 ϕ122mm(D)×136mm(H)	WV-NF284(AC 24V,DC 12V) 或 PoE DC 48V
3		百万像素网络彩色摄像机	WV-NP1000	· 1/3 型逐行扫描 CCD　· MPEG-4、JPEG 双模式输出 · 支持多种网络协议　· 支持模拟输出:1.0V[p-p]/75Ω BNC · 自动后焦(ABF)功能　· 自动/手动彩色转黑白模式 · 水平清晰度:彩色 600 线/黑白 780 线　· 最低照度:彩色 1.0lx@F1.4、黑白 0.06lx@F1.4 · 内置 SD 卡插槽　· 内置拾音器 · 自动图像稳定功能　· 场景变化检测功能 · 隐私区遮挡功能　· 电子灵敏度提升功能(最大 32 倍)	固定安装 84(W)×83(H)×197.5(D)mm (不含接口和端子)	WV-NP1000(AC 220V～240V) WV-NP1004(AC 24V)
4		网络彩色摄像机	WV-NP240	· 1/3 型逐行扫描 CCD　· MPEG-4、JPEG 双模式输出 · 支持多种网络协议　· 支持模拟输出:1.0V[p-p]/75Ω BNC · 支持以太网供电(PoE)功能　· 最低照度:1.5lx@F1.4 · 内置 SD 卡插槽　· 内置数字移动探测器 · 内置拾音器　· 电子灵敏度提升功能	固定安装 72(W)×65(H)×158(D)mm	WV-NP240(AC 220V～240V) WV-NP244(AC 24V) 或 PoE DC 48V
5		网络彩色摄像机	WV-NP472	· 第二代超级动态功能:可得到 80 倍动态范围 · 1/3 型 CCD　· 图像格式:JPEG、M-JPEG · 支持模拟输出:1.0V[p-p]/75Ω BNC　· 自动/手动彩色转黑白模式 · 水平清晰度:彩色 480 线、黑白 570 线　· 最低照度:彩色 0.8lx@F1.4、黑白 0.1lx@F1.4 · 内置数字移动探测器　· 电子灵敏度提升功能 · 用于处理高质量图像的数字信号处理单元	固定安装 70(W)×65(H)×128(D)mm (不包括镜头)	WV-NP472(DC 12V)
6		防破坏型网络彩色半球摄像机	WV-NW470	· IP66 标准　· 第二代超级动态功能:可得到 80 倍动态范围 · 1/3 型 CCD　· 图像格式:JPEG、M-JPEG · 支持模拟输出:1.0V[p-p]/75Ω BNC　· 自动/手动彩色转黑白模式 · 水平清晰度:彩色 480 线、黑白 570 线　· 最低照度:彩色 0.8lx@F1.4、黑白 0.1lx@F1.4 · 2 倍光学变焦(3.8～8mm)　· 内置数字移动探测器 · 电子灵敏度提升功能　· 可选购加热器 WV-CW3H 调节温度	壁装 ϕ175mm(D)×153mm(H)	WV-NW470(AC 220V～240V) WV-NW474(AC 24V)

表 5

松下电器 I-pro 网络监控系统产品一览表

序号	图 例	名 称	型 号	规 格 说 明	安装方式(长×宽×高)	备 注
1		网络硬盘录像机	WJ-ND300	• 独立的摄像机端口和客户端口确保告诉输入输出能力,满足高品质图像,高帧率和多路回放 • 多格式:MPEG-4、JPEG 双模式 • MPEG-4 速率控制功能和 JPEG 的数据流控制可更有效地使用图像存储容量 • 具有丰富的定时、事件、紧急、外部定时器功能 • 可通过电子邮件通知报警 • 最多可允许注册 32 个用户和高级用户管理 • 内置自动 IP 设置功能,支持松下 WV 系列网络摄像机 • 填加选购的 RAID5 面板 WJ-NDB301 到 WJ-ND300 使其具有 RAID5 功能 • 可选购 WJ-HDE300 扩充单元和硬盘,系统容量提升至 7TB • 通过过滤搜索加速搜索和回放 • 选择帧率的测量功能 • 硬盘录像机管理软件:WV-AS65	标准机柜式 2U 420(W)×88(H)mm×350(D)	通过硬盘录像机管理软件(WV-AS65),可与现有的数字硬盘录像机(WJ-HD316),组合成为混合监控系统
2		数字硬盘录像机	WJ-HD316	• 高密度录像:50ips* (100ips* @SIF)　• 全实时多画面现场显示:50ips* • 可同时进行现场观看/录像/网络操作　• 6 个独立录像设置 • 硬盘分区:标准、报警、复制　• RAID 5 和镜像冗余录像 • 先进的 VMD(视频移动检测器):区域、矢量和滞后时间　• 各种网络操作:现场观看、PTZ 控制、录像、回放、下载 • 网络和串行开放式结构　• 优化的压缩方式可有效提高画面质量 • 可通过 USB 端口实现更完美的归档式解决方案　• 管理软件可实现 WV-CS950 系列的自动跟踪功能	标准机柜式 2U 420(W)×88(H)mm×350(D)	通过硬盘录像机管理软件(WV-AS65),可与网络硬盘录像机(WJ-ND300),组合成为混合监控系统
3		MPEG-2 编码器	WJ-GXE900	• 高分辨率的 MPEG-2 编解码格式　• 150ms 的低延时性 • 通过 CGI 指令可实现同轴视频控制功能　• 支持最多 16 字符的摄像机标题显示 • 支持组播功能　• 视频输入:1.0 V[p-p]/75Ω,NTSC 复合信号,BNC×4 • 视频输出:1.0V[p-p]/75Ω,NTSC 复合信号 D-sub 9pin×4　• 音频输入:−10dBv,≥10kΩ,非平衡,D-sub 9pin×4 • 分辨率:最大 720×480(有效像素 704×480)　• 最大帧率:30fps • 报警输入:干接点,终端×4	连接模块(选配)组成 标准机柜式 1U 尺寸: 210(W)×44(H)×300(D)mm	4 路编码器
4		MPEG-2 解码器	WJ-GXD900	• 高分辨率的 MPEG-2 编解码格式　• 150ms 的低延时性 • 通过 CGI 指令可实现同轴视频控制功能　• 支持最多 16 字符的摄像机标题显示 • 支持组播功能　• 视频输出:1.0V[p-p]/75Ω,NTSC 复合信号,BNC×4 • 音频输出:−10dBv,10kΩ,非平衡,RCA×4　• 分辨率:最大 720×480(有效像素 704×480) • 最大帧率:30fps	标准机柜式 1U 尺寸: 420(W)×44(H)×350(D)mm	4 路解码器
5		MPEG-4/JPEG 编码器	WJ-NT304	• 可 MPEG-4/JPEG 双码流同时输出 • 可实现同轴视频控制功能(使用 Panasonic WV 系列模拟摄像机) • 音频输入:−10dBv,10kΩ,非平衡,RCA×1 • 支持组播功能 • 支持 SD 卡备份 • VGA 模式下最高帧率 25ips • 视频输入:1.0V[p-p]/75Ω,PAL 复合信号,BNC×4 • 音频输出:−10dBv,600Ω,非平衡,RCA×1 • 多画面模式:4 画面×4 组(仅限 JPEG) • 报警输入:终端输入×4、摄像机报警×4、视频丢失×4	连接模块(选配)组成 标准机柜式 1U 尺寸: 210(W)×44(H)×300(D)mm	4 路编码器,支持多种网络协议
6		网络硬盘录像机	WJ-ND200	• 支持 MPEG-4、JPEG 图像格式 • 最多支持 16 路摄像机 • 支持镜像备份和 SD 卡备份 • 多画面模式:4 画面×4 组 • 报警输入:终端输入×16、摄像机报警×16 • 最多 4 个客户端同时访问 • 支持最大图像尺寸:1280×960 • 摄像机自动检测功能(使用 Panasonic I-pro 系列摄像机) • 录像模式:手动录像、日程录像、报警录像、外部定时录像、事件录像 • 可将录像图像下载至 PC • 最多 750 条报警日志	尺寸: 270(W)×88(H)×360(D)mm	支持多种网络协议

序号	产品型号	产品图示	产品名称	产 品 描 述
1	Vmux3000		BVx 大型汇聚设备	1. 集数字矩阵、光纤传输、网络管理于一体的专业化大型联网监控主机 2. 最大 640 路视频输入，320 路视频输出（256 路正向，64 路反向） 3. 14 槽 8U 机箱，支持 BVx3000 系列板卡，光纤直接接入 4. 支持多种拓扑联网，具有强大的网络管理功能 5. 支持视频、音频、低速数据、以太网、电话、E1，以及多种格式的压缩视频等多种业务接入
2	Vmux1000		BVx 中型汇聚设备	1. 集数字矩阵、光纤传输、网络管理于一体的专业化中型联网监控主机 2. 最大 320 路视频输入，32 路视频输出 3. 17 槽 6U 机箱，支持 BVx1000 系列板卡，光纤直接接入 4. 支持多种拓扑联网，具有强大的网络管理功能 5. 支持视频、音频、低速数据、以太网、电话、E1，以及多种格式的压缩视频等多种业务接入
3	Fbox	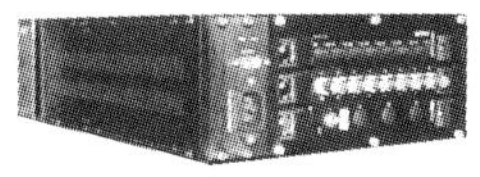	BVx 小型汇聚设备	1. 集数字矩阵、光纤传输、网络管理于一体的专业化小型联网监控主机 2. 最大 16 路视频输入，16 路视频输出 3. 3 槽 3U 机箱，支持 BVx1000 系列板卡，光纤直接接入 4. 内置网控卡，适用于前端视频汇聚或小型分控
4	Vcam101		光纤球机	1. 室内/室外/吸顶型 2. 一体化设计，自动光圈，自动聚焦，自动白平衡，背光补偿
5	VBox200-A1		前端接入设备	1. 双向单光口(200M×1) 2. 1 路视频输入(带字符叠加)，1 路视频输出 3. 支持 1 路双向 RS232，1 路双向 RS422，2 路双向音频 4. 支持点对点传输模式
6	VBox200-A2		前端接入设备	1. 双向单光口(200M×1) 2. 1 路视频输入(带字符叠加) 3. 支持 2 路双向 RS232，2 路双向 RS422，2 路双向音频 4. 支持点对点传输模式
7	VBox200-E2	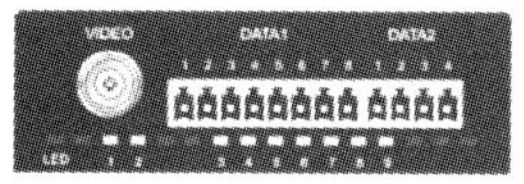	前端接入设备	1. 双向单光口(200M×1) 2. 1 路视频输入(带字符叠加) 3. 1 路反向 422，1 路双向 422 或 2 路双向 232 4. 2 路报警接入，1 路继电器输出 5. 支持点对点传输模式
8	VBox2800-B2	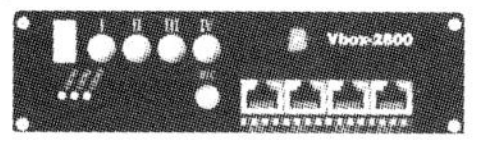	前端接入设备	1. 双向双光口(2.8GX2) 2. 4 路视频输入(带字符叠加) 3. 支持 4 路双向 RS232，2 路双向 RS422 4. 支持总线级联传输模式，具备网管功能
9	Vmux1110		Vbox200 系列光纤接入卡	1. BVx 系列光卡，32 路单向或 16 路双向总线 2. 4 路独立 155M 双向光口，4 路模拟视频环出 3. 每路光口支持 1 路双向视频，1 路立体声音频 2 路双向 RS232，2 路双向 RS422
10	Vmux1310		Vbox2800 系列光纤接入卡	1. BVx1000 系列光卡，32 路单向或 16 路双向总线 2. 1 路或 2 路 2.5G 双向光口，16 路模拟视频环出 3. 支持 8 路双向 RS232，1 路 100M 网口
11	Vmux1410		联网光卡	1. BVx1000 系列光卡，32 路单向或 16 路双向总线 2. 1 路或 2 路独立 2.5G 双向光口 3. 支持 8 路双向 RS232，16 路视频环出，1 路 100M 网口 4. 用于系统联网，提供高精度时钟基准
12	Vmux1510		8 路模拟视频输入卡	1. BVx1000 系列功能卡，32 路单向或 16 路双向总线 2. 8 路模拟视频输入，每路视频 10bit 无压缩数字编码
13	Vmux1520		8 路模拟视频输出卡	1. BVx1000 系列功能卡，32 路单向或 16 路双向总线 2. 8 路模拟视频输出

序号	产品型号	产品图示	产品名称	产 品 描 述
14	Vmux1530		14 路双向数据通信卡	1. BVx1000 系列功能卡，32 路单向或 16 路双向总线 2. 7 路双向 RS232，7 路双向 RS422
15	Vmux1590		波分复用卡	外置无源 2/4/6/8 波长波分复用
16	Vmux1592		双向波长转换器	双向波长转换
17	Vmux1610		总线级联卡	1. BVx1000 系列光卡，32 路单向或 16 路双向总线 2. 2 路独立 2.5G 双向光口 3. 用于机箱级联，扩充视频输入
18	Vmux1900		网控卡	1. BVx1000 系列功能卡 2. 实现网管控制
19	Vmux3110	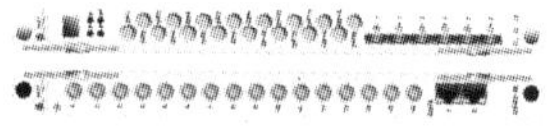	Vbox200 系列光纤接入卡	1. BVx3000 系列光卡 2. 16 路 155M 独立双向光口，16 路视频环出 3. 支持 2 路双向 RS232
20	Vmux3310	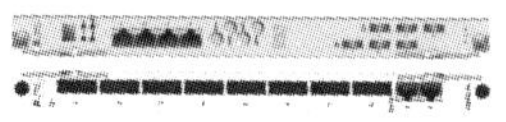	Vbox2800 系列光纤接入卡	1. BVx3000 系列光卡 2. 4 路 2.5G 独立双向光口，32 路视频环出 3. 支持 4 路双向 RS232，4 路 10M/100M 以太网
21	Vmux3410	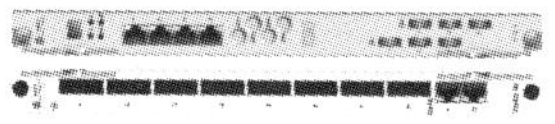	联网光卡	1. BVx3000 系列光卡 2. 4 路 2.5G 独立双向光口，32 路视频环出 3. 支持 4 路双向 RS232，4 路 10M/100M 以太网 4. 用于系统联网，提供高精度时钟基准
22	Vmux3510	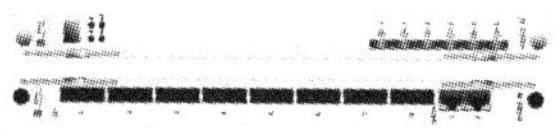	模拟视频输入卡	1. BVx3000 系列功能卡 2. 32 路模拟视频输入，10bit 无压缩数字编码 3. 字符叠加
23	Vmux3520	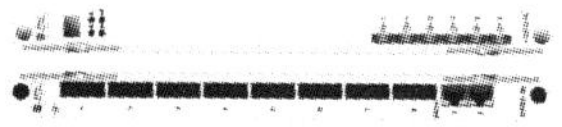	模拟视频输出卡	1. BVx3000 系列功能卡 2. 64 路模拟视频输出，支持 PAL/NTSC
24	Vmux3530		双向数据通信卡	1. BVx3000 系列功能卡 2. 支持 32 路 RS422 或 64 路 RS232
25	Vmux3540		双向音频卡	1. BVx3000 系列功能卡 2. 64 路立体声音频输入 3. 64 路立体声音频输出
26	Vmux3550	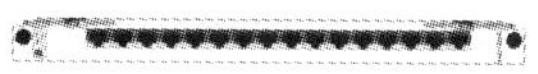	电话卡	1. BVx3000 系列功能卡 2. 支持 32 路电话(热线或交换模式)
27	Vmux3610		总线级联卡	1. BVx3000 系列级联卡，256 路总线 2. 用于机箱级联，扩充视频输入
28	NC8100		节点控制器	1. BVx 节点设备控制器 2. 支持 12 路可配置 RS232，RJ45 接口
29	NC8101		网络控制器	1. BVx 全网设备控制器 2. 支持 12 路可配置 RS232，RJ45 接口
30	KBD1120		BVx 控制键盘	1. BVx 控制键盘 2. 带有三维遥杆
31	NMS-View3.0	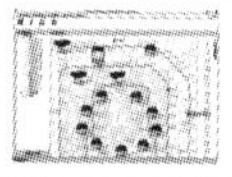	BVx 网管软件	1. BVx 网管软件 2. 实现对系统资源的配置、管理以及状态监视等功能
32	NMS-Config 3.0		BVx 配置软件	1. BVx 系统配置软件 2. 实现对控制器 NC 的配置、管理以及用户权限管理等功能

天津三星电子有限公司
闭路电视监控系统介绍（一）

1　三星电子介绍

总部设在韩国的三星电子集团，是世界上最大的电子产品制造商之一。三星电子在全球47个国家建立了27家大型生产基地、11个研发中心、设立的办事机构和销售公司多达100多个，雇员人数超过20万，2005年三星电子销售额达719亿美元，位列世界500强第39位。其品牌价值也屡创新高，2005年三星品牌价值增至150亿美元，名列世界品牌价值第20名。不断超越的三星电子矢志成为全球电子第一品牌。

2　三星电子视频监控设备介绍

2002年1月，三星电子开始在中国天津设厂生产监控产品。旗下企业——天津三星电子有限公司生产的产品有：CCTV、录像机、DVD、摄录机等。天津三星电子有限公司连续多年被评为天津市最佳外商投资企业和三星电子最佳海外工厂。

三星电子闭路电视监控产品包括：摄像机（及镜头、护罩、支架等配件）、控制设备、网络设备、录像存储设备、监视设备等。

2.1　三星电子摄像机

三星电子摄像机分为固定摄像机、一体化摄像机、半球摄像机、高速智能球形摄像机、网络摄像机等，其中还具有适应低照、逆光等各种特殊环境的摄像机。

2.1.1　固定摄像机

经济、普通型：	SCC-101BP/131BP
经济、低照、降噪型：	SCC-B2011P/B2311P
经济、低照、高清型：	SCC-B1391P/2391P
低照、红外感应型：	SCC-B2003P/B2303P/B2013P/B2313P
宽动态型：	SCC-B2005P/B2305P
超宽动态单彩型：	SCC-B2025P/B2325P
超宽动态日夜转换型：	SCC-B2015P/B2315P
超感低照度、红外感应型：	SCC-B2007P/B2307P
超低照度、强光抑制型：	SCC-A2013P/A2313P

2.1.2　一体化摄像机

22倍单彩型：	SCC-C4201P/C4301P
22倍日夜转换型：	SCC-C4203AP/C4303AP
32倍日夜转化型：	SCC-C4207P

2.1.3　半球型摄像机

普通定焦半球：	SCC-B5300P/B5301GP/B5303P/B5305GP
高清定焦半球：	SCC-B5310P/B5311P/B5313P/B5315P
迷你高清定焦半球：	SCC-B5203P/B5203SP
高清变焦日夜型半球：	SCC-B5352P/B5353P
高清防爆变焦型半球：	SCC-B5392P/B5393P/C9302P/C9302FP

2.1.4　高速智能球形摄像机

22倍单彩智能球：	SCC-641P
22倍日夜型智能球：	SCC-643AP
32倍高速经济型智能球：	SCC-C6403P
32倍宽动态高速智能球：	SCC-C6407P

2.1.5　网络摄像机

22倍网络高速智能球：	SCC-C6475P

2.2　控制器

三星电子系统控制器：	SCC-1000、SCC-2000

2.3　监视器

2.3.1　CRT监视器

15英寸纯平彩色监视器：	SMC-152F
21英寸纯平彩色监视器：	SMC-212F
21英寸纯平100Hz监视器：	SMP-210P

2.3.2　液晶监视器

17英寸液晶监视器：	SMT-1721P
19英寸液晶监视器：	SMT-1921P

2.4　硬盘录像机

四路实时嵌入式硬盘录像机：	SHR-2040P/2041P/2042P/5041P
八路实时嵌入式硬盘录像机：	SHR-4081P

2.5　网络监控平台与视频编码器

网络监控平台：	NETI/NETI WARE
单路视频编码器：	SNT-1010

3　工程设计中产品选型与应用

3.1　工程设计中摄像机的选型

三星电子摄像机种类众多，能满足各种应用场合的使用要求。在实际应用中应按使用功能要求和环境选择合适的摄像机，达到最优的使用效果。

在室内、过道等光源稳定和晚上摄像机周围环境灯光较好的场所，且对成本要求高的，可选经济型的固定摄像机SCC-101BP/131BP，配置焦距适合的镜头可达到稳定彩色监视效果。如不想另外订购镜头及护罩，也可选普通定焦半球SCC-B5300P/B5301GP/B5303P/B5305GP。

在对高清晰图像还原度和色彩要求较高的环境，可选择高清彩色摄像机SCC-B2391P，这种环境下，夜晚对实时性要求不高，但对画面可分辨性要求高时，可选SCC-B2011P/B2311P，这款摄像机除了有540线高清特性外，在夜晚可配合慢快门技术，摄像机自动适应环境照度选择快门速度，在较暗环境下也可得到明亮的画面。同样在这种环境中，如为工程方便将镜头、护罩一体或出于外观美观考虑，可选同档次的半球。在安装场合相对固定，监视位置很明确的可选高清定焦半球SCC-B5310P/B5311P/B5313P/B5315P，在监视范围较大，监视位置要根据现场调试决定的场合，可选变焦高清半球SCC-B5352P/B5353P，三星的高清半球都具彩色540线，以及慢速开门功能，同时在安装上也有许多体现人性化的设计，如画面的翻转、左右上下角度的调整等等，这样在安装时可顶棚安装、墙壁安装，也可在特殊支架上倾斜安装。以上这些摄像机比较适合智能楼宇、银行、医院、政府机构等需要高清图像的场合。

在室外低照度且有红外光源的环境，可选具备黑白/彩色转换的摄像机，以便在低照度环境下转换为黑白自动感应红外光，增加图像的清晰度。三星电子有多款摄像机均带有黑白/彩色转换模式。室外环境如有路灯等辅助光源，监视画面只需看整体效果，而不是细节的分析，可选低照摄像机SCC-B2003P/B2303P，此款摄像机有480线，同时机械滤片切换彩色/黑白转换能更好感应红外，另外可选夜间移动物体的拍摄方式，从较慢至极快5档选择，能使动画感降到最低。如环境光源更加昏暗时，可选540线的SCC-B2013P/B2313P，其灵敏度和分辨率较前一款更高。以上摄像机比较适合于楼宇周界、停车场、工厂外围等。

在更低照度环境下（星光级），可选择三星电子超感低照摄像机SCC-B2007P/B2307P，该机配置EX-VIEW CCD，其凹凸表面处理的CCD比普通CCD进光量更大，以及具有更好的感应红外的效果。其彩色模式下最低照度可达0.001lx，黑白模式下最低照度可达0.0002lx。在一些特殊环境也可使用慢快门技术达到如同白天的画面监视效果，同时也具有强眩光抑制作用，可以抑制由车灯直射造成的眩光影响。比较适合于郊外、公园、金库、博物馆、道路等环境。

闭路电视监控系统介绍（一）	图号
天津三星电子有限公司	AF1-1

同样在星光级照度环境，如要考虑画面实时性，不应用慢快门技术，需要更大的监视靶面，可选择 1/2 英寸 CCD 的超低照度摄像机 SCC-A2013P/A2313P，其彩色模式下最低照度可达 0.0005lx，黑白模式下最低照度可达 0.00005lx。此款摄像机适用于郊外及广泛应用于道路监控中。

对于一些需要隐蔽安装的场所或者电梯轿厢等狭小区域，可选三星电子迷你半球摄像机 SCC-B5203P、定焦半球摄像机 SCC-B5311P/B5313P/B5315P，此类环境如亮暗反差较大，可选带宽动态的半球摄像机 SCC-B5381P，这几款半球采用 1/3 英寸 CCD 与数字信号处理（DSP），广泛应用于商场、宾馆、电信、金融、政府机关等场所。

在监狱、司法、银行、零售店、低矮通道等一些需考虑人为破坏因素的特殊场合，可选三星电子高强度防爆半球摄像机 SCC-B5393P/B5392P/C9302P/C9302FP。

在目标范围亮度变化大或有强烈逆光环境，如需全屏清晰监视，可选三星电子宽动态摄像机 SCC-B2005P/B2305P/B2025P/B2325P/B2015P/B2315P 系列。该系列摄像机采用超宽动态的 1/3 英寸 P/S Super HAD CCD（47 万像素）芯片与数字信号处理技术（DSP），运用双速快门拍摄的超级宽动态彩色摄像机，其动态范围是普通摄像机的 80 倍，可消除导致摄像画面偏暗的强烈背景光影响，如日光灯、阳光（即对门口或窗口拍摄），且画面轮廓清晰，色彩还原真实，细节柔和，图像边缘无反白；该系列摄像机具有彩色/黑白自动转换模式；更有超低照度功能，彩色模式下的最低照度达到 0.002lx，黑白模式下的最低照度达到 0.0004lx，可在夜间清晰拍摄图像。此产品特别适用于金融柜员监控系统，可克服室内外反差巨大的光线环境。

在监视区域范围广、但对移动速度要求不高和无预置功能要求的环境，可选三星电子一体化变焦彩色摄像机加云台的方式。三星电子一体化变焦彩色摄像机包括 22 倍光学变焦（焦距＝3.6～79.2mm）系列 SCC-C4201P/C4301P/C4303AP/C4205P（宽动态）产品和 32 倍光学变焦（焦距＝3.55～113mm）系列 SCC-C4207P（宽动态）产品。三星电子一体化变焦彩色摄像机提供 128 个预置点，具备彩色/黑白转换模式，部分型号摄像机还带宽动态功能及多个可调的隐私遮挡区域，能够广泛应用于须日夜及大范围摄像的环境，如小区、码头、广场、学校等场所。

在监视区域范围广、但对移动速度要求高和需要预置功能要求等的环境，可选三星电子高速智能球型摄像机。三星电子高速智能球型摄像机包括 22 倍光学变焦（焦距＝3.6～79.2mm）系列 SCC-641P/643AP/C6405P（宽动态）产品和 32 倍光学变焦（焦距＝3.55～113mm）系列 SCC-C6407P（宽动态）/C6403P（经济型）产品。三星电子高速智能球型摄像机实现了智慧型、高清晰、夜视功能；可 360 度高速旋转进行全方位监控现场；有强大的记忆功能，可预设 128 个监控点，并且每一个预设点的图像可单独处理并记忆；最低照度彩色 0.007lx、黑白 0.002lx；独有的 8 个隐私遮挡区域，用于需要隐私遮挡的地方（如银行储户密码的保护）；能根据光线的实际情况实现彩色/黑白的自动转换，兼容性强，内置多种通讯协议。三星高速智能球型摄像机可广泛应用于需要随时调整监控角度的场所，如广场、港口、机场、道路、车站等大范围拍摄的场所。

3.2 三星电子数字硬盘录像机的应用特性

三星电子嵌入式数字硬盘录像机采用嵌入式 LINUX 实时多任务操作系统；应用软件与硬件于一体，具有软件代码小、高度自动化、响应速度快等特点，特别适合于要求实时和多任务的应用。

由于采用嵌入式实时多任务操作系统，视频压缩和 Web 功能集中在一起，系统启动和运行速度快，且不受计算机病毒的影响，直接连入局域网或广域网，即插即看，系统的实时性、稳定性、可靠性大大提高，所以无需专人管理，适合于无人值守的应用环境。三星电子嵌入式数字硬盘录像机运用 MPEG-4 视频压缩与 ADPCM 音频压缩技术实现了高画质，低码率，每路 25 帧/秒，采用统一的协议在网络上传输，支持跨网关、跨路由器的远程视频传输，所以其在组网方式上能支持更为复杂的监控网络，这十分适应网络化数字视频监控等发展趋势的需求。

因此在金融、监狱、电力、石油、冶金、煤矿等发展网络化数字视频联网监控功能要求的应用场合，三星电子嵌入式数字硬盘录像机有着广泛的应用。

3.3 三星电子网络摄像机的应用特性

三星电子网络摄像机 SCC-C6475P，是集视频压缩技术、计算机技术、网络技术、嵌入式技术等众多先进的 IT 技术于一体的数字摄像设备。摄像机内置了图像传感器晶片、音视频压缩处理芯片、网络通信处理单元等部件，采用嵌入式操作系统，无需计算机的协助便可独立工作。

三星电子网络数字摄像机有自己的 IP 地址，可直接与以太网连接。它支持很多网络通信协议（如 TCP/IP 等），局域网上的用户以及 INTERNET 上的用户使用配套的客户端服务软件就可以根据 IP 地址对网络数字摄像机进行访问，观看通过网络传输的实时图像，还可通过对镜头、云台的控制，对目标进行全方位的监控。

三星电子网络数字摄像机的应用范围相当广泛，已逐渐成为安全防范，远程教学，远程展示，病房监护，社区服务等各方面广为采用的工具。尤其是在安全防范领域，网络数字摄像机以其优越的性能，再配以卓越的监控管理平台，使得安防系统得到了前所未有的发展，使网络化数字监控系统成为未来市场的发展趋势。

三星电子网络数字摄像机应用于安防领域中，特别是城市社会治安监控领域，并结合专业的监控管理平台软件，便可组成为实用的城域网络化数字监控系统。

3.4 三星电子网络监控平台 NETI/NETI WARE 的应用特性

NETI/NETI WARE 是一种以 LAN/WAN 为现场总线构成的，具有高质量的图像监控功能的网络视频监控系统，它比较适合于中小型的网络资源丰富的区域。NETI/NETI WARE 监控系统基于计算机网络，可以整合三星电子的普通摄像机、网络摄像机、编码器、硬盘录像机，视频通过网络传输，在终端显示屏上显示。录像可保存在终端 PC 或前端的硬盘录像机，同时也支持 NAS，对重要的录像机资料可指定存储服务器进行录像备份。系统具有独特的双屏显示结构（32 路同时监视）、网络音视频对讲、支持电子地图、48 路无限制录像等功能。配合网络报警功能指示，可让用户实时捕获报警情况，提高监控效率。录像格式支持 MPEG4/M-JPEG，用户可根据现场情况及需求选择。另外，NETI/NETIWARE 网络监控系统同时具备了扩展性强、布线广且成本低、维护应用灵活方便等网络监控特性。

闭路电视监控系统介绍（二）	图号
天津三星电子有限公司	AF1-2

数字监控系统概述

1 概念

三星电子数字监控系统是集传统 CCTV 监控报警技术、多媒体技术、计算机网络和通信技术等多领域技术于一体的监控系统换代产品。三星电子数字监控系统以计算机网络为平台，以 IP 地址来标识所有的监控设备，采用 TCP/IP 协议等多种通讯协议进行图像、语音和数据的传输、切换，实现了在计算机局域网、广域网上的监控图像，报警及控制等信息的传输，网络上的任何一台授权工作站均可以实现所有监控功能，真正实现远程综合监控系统。

2 应用场合

在银行金融网点、公路、铁路、高等院校、大型住宅社区等摄像机位置十分分散、需要分布式管理的行业，由于传输的视频信号为模拟信号，其传输距离的限制导致无法实现视频信号的超远程传输以及集中监视、集中控制、集中资料存储和备份、集中管理等要求，传统的模拟监控系统已经不能满足使用功能要求。在这类场合，采用三星电子数字视频监控系统是最好的选择。

3 设备组成及组网方式

三星电子数字监控系统主要由三星电子网络摄像机（三星网络高速智能球型摄像机 SCC-C6475P）、监控计算机（各类经过授权的台式计算机、服务器、手提电脑等）、网络存储设备（内置大容量硬盘的计算机或服务器、磁盘阵列等）、以太网络及监控管理平台软件等组成。所有网络数字摄像机的视频信号和报警信号通过双绞线等综合布线传输介质传送到监控计算机，由监控管理平台软件实现摄像机显示、录像、联动报警等功能。

4 特点

三星电子数字化网络监控系统最大的两个特点就是全数字化和网络化。

4.1 数字化：监控图像全部按照国际标准格式进行数字化压缩，监控图像、控制及报警信息数字化后进入计算机网络，可以充分利用高科技手段进行系统管理和图像处理。由于全数字化网络监控系统完成模拟到数字的转换，采用统一的协议在网络上传输，所以系统具有非常优秀的兼容性。

4.2 网络化：监控进入计算机网络，可以组成非常复杂的监控网络。所有的设备都以 IP 地址进行标识，增加设备只是意味着 IP 地址的扩充，同时由于控制中心需要同时观察的摄像机图像有限，这就意味着在无需扩充网络带宽的条件下可以任意扩展系统设备。

5 三星电子数字监控系统与模拟监控系统比较所具有的优势

三星电子数字监控系统可在局域网或广域网上进行通讯，系统利用先进的数码技术，是一套完整的本地监控、远程监控、音视频同步于一身的智能网络视频监控系统，它可以方便地接入各种网络，组成一点对多点、多点对多点的全方位监控，满足了各行各业对监控的要求。

6 采用模拟摄像机实现数字监控系统的方法

传统的模拟摄像机输出的视频信号为模拟信号，其传输介质为视频同轴电缆。有两种方式将模拟摄像机输出的模拟视频信号数字化，实现数字化视频信号远程传输，从而建立数字监控系统：

6.1 将模拟摄像机的视频输出信号以四路或八路为一组接入三星电子四路实时嵌入式数字硬盘录像机（SHR-2040P/2041P/2042P）或三星电子八路实时嵌入式数字硬盘录像机（SHR-4081P），利用嵌入式硬盘录像机的视频压缩功能将模拟视频信号转化为数字信号，并通过嵌入式数字硬盘录像机的网络功能将数字视频信号向局域网或广域网上传输。

三星电子实时嵌入式数字硬盘录像机采用嵌入式 LINUX 操作系统，运用 MPEG-4 视频压缩与 ADPCM 音频压缩技术实现高画质、低码率，每路 25 帧/s；并且系统带先进的控制技术和强大的网络数据传输功能，支持多种网络通信协议，可通过网络进行传输。

三星电子实时嵌入式数字硬盘录像机可内置多块大容量硬盘，可在实现数字视频信号远程传输的同时进行数字视频信号的存储。由于所有的数字视频信号可以存储在现场硬盘录像机内，既方便经过授权的远程监控终端服务和调用历史视频记录，同时这种分散式存储方式在部分站点存储设备发生故障时不会影响对其他存储站点的正常服务和管理。

6.2 将模拟摄像机的视频输出信号以四路为一组接入三星电子四路网络视频服务器（SNS-110P）对模拟视频信号进行数字压缩，并通过网络视频服务器的网络功能将数字视频信号向局域网或广域网传输。

三星四路网络视频服务器 SNS-110P 采用嵌入式 RTOS 系统与数据压缩和网络通讯技术，使该四路网络视频服务器实现了功能强大的网络视频传输功能，该设备兼容多种网络接口。

数字监控系统概述	图号
天津三星电子有限公司	AF1-3

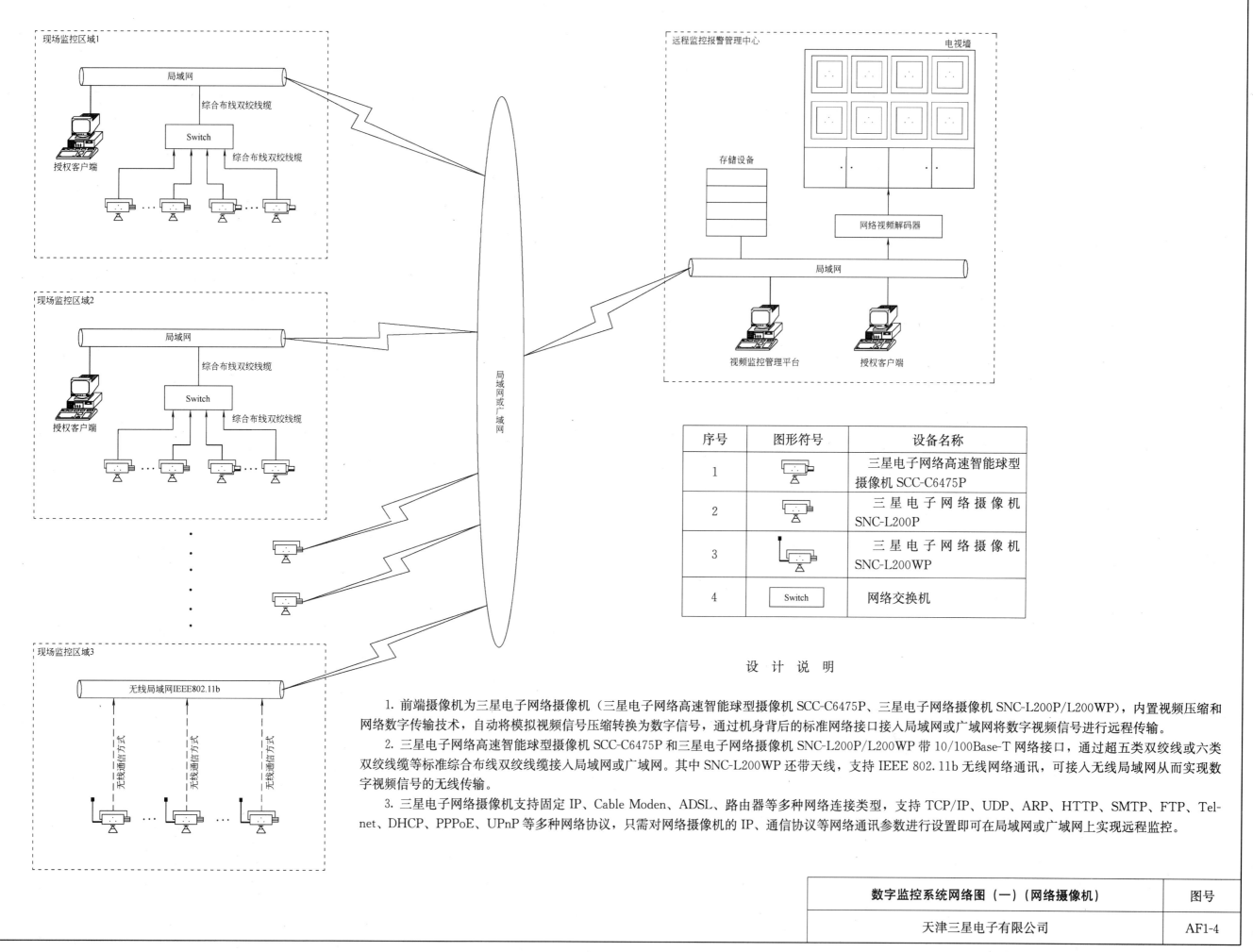

现场监控区域1

现场监控区域2

现场监控区域3

远程监控报警管理中心

电视墙

设 计 说 明

1. 前端摄像机为三星电子网络摄像机（三星电子网络高速智能球型摄像机 SCC-C6475P、三星电子网络摄像机 SNC-L200P/L200WP），内置视频压缩和网络数字传输技术，自动将模拟视频信号压缩转换为数字信号，通过机身背后的标准网络接口接入局域网或广域网将数字视频信号进行远程传输。

2. 三星电子网络高速智能球型摄像机 SCC-C6475P 和三星电子网络摄像机 SNC-L200P/L200WP 带 10/100Base-T 网络接口，通过超五类双绞线或六类双绞线缆等标准综合布线双绞线缆接入局域网或广域网。其中 SNC-L200WP 还带天线，支持 IEEE 802.11b 无线网络通讯，可接入无线局域网从而实现数字视频信号的无线传输。

3. 三星电子网络摄像机支持固定 IP、Cable Moden、ADSL、路由器等多种网络连接类型，支持 TCP/IP、UDP、ARP、HTTP、SMTP、FTP、Telnet、DHCP、PPPoE、UPnP 等多种网络协议，只需对网络摄像机的 IP、通信协议等网络通讯参数进行设置即可在局域网或广域网上实现远程监控。

序号	图形符号	设备名称
1		三星电子网络高速智能球型摄像机 SCC-C6475P
2		三星电子网络摄像机 SNC-L200P
3		三星电子网络摄像机 SNC-L200WP
4	Switch	网络交换机

数字监控系统网络图（一）（网络摄像机）	图号
天津三星电子有限公司	AF1-4

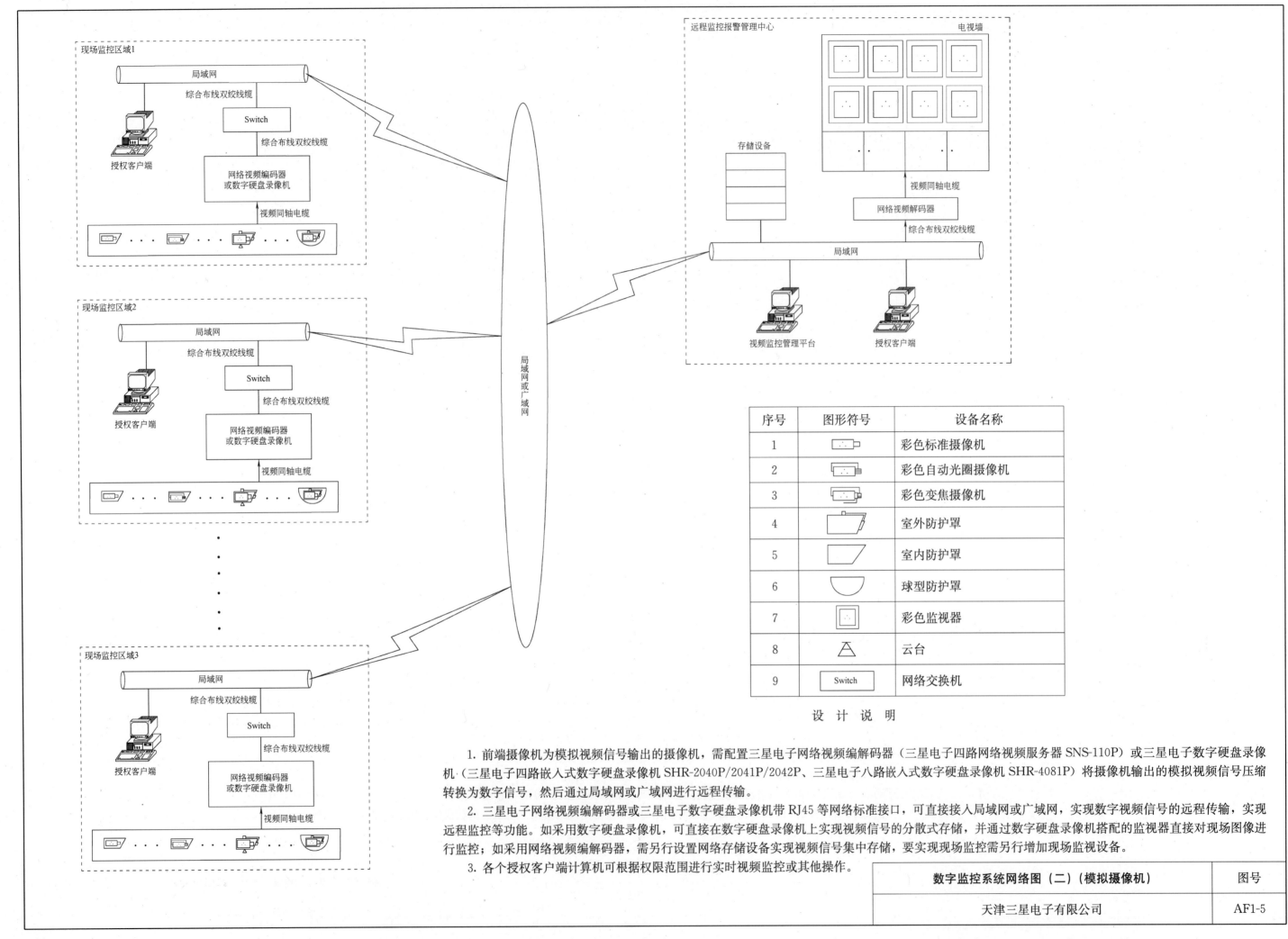

序号	图形符号	设备名称
1		彩色标准摄像机
2		彩色自动光圈摄像机
3		彩色变焦摄像机
4		室外防护罩
5		室内防护罩
6		球型防护罩
7		彩色监视器
8		云台
9	Switch	网络交换机

设 计 说 明

1. 前端摄像机为模拟视频信号输出的摄像机，需配置三星电子网络视频编解码器（三星电子四路网络视频服务器 SNS-110P）或三星电子数字硬盘录像机（三星电子四路嵌入式数字硬盘录像机 SHR-2040P/2041P/2042P、三星电子八路嵌入式数字硬盘录像机 SHR-4081P）将摄像机输出的模拟视频信号压缩转换为数字信号，然后通过局域网或广域网进行远程传输。

2. 三星电子网络视频编解码器或三星电子数字硬盘录像机带 RJ45 等网络标准接口，可直接接入局域网或广域网，实现数字视频信号的远程传输，实现远程监控等功能。如采用数字硬盘录像机，可直接在数字硬盘录像机上实现视频信号的分散式存储，并通过数字硬盘录像机搭配的监视器直接对现场图像进行监控；如采用网络视频编解码器，需另行设置网络存储设备实现视频信号集中存储，要实现现场监控需另行增加现场监视设备。

3. 各个授权客户端计算机可根据权限范围进行实时视频监控或其他操作。

数字监控系统网络图（二）（模拟摄像机）	图号
天津三星电子有限公司	AF1-5

14

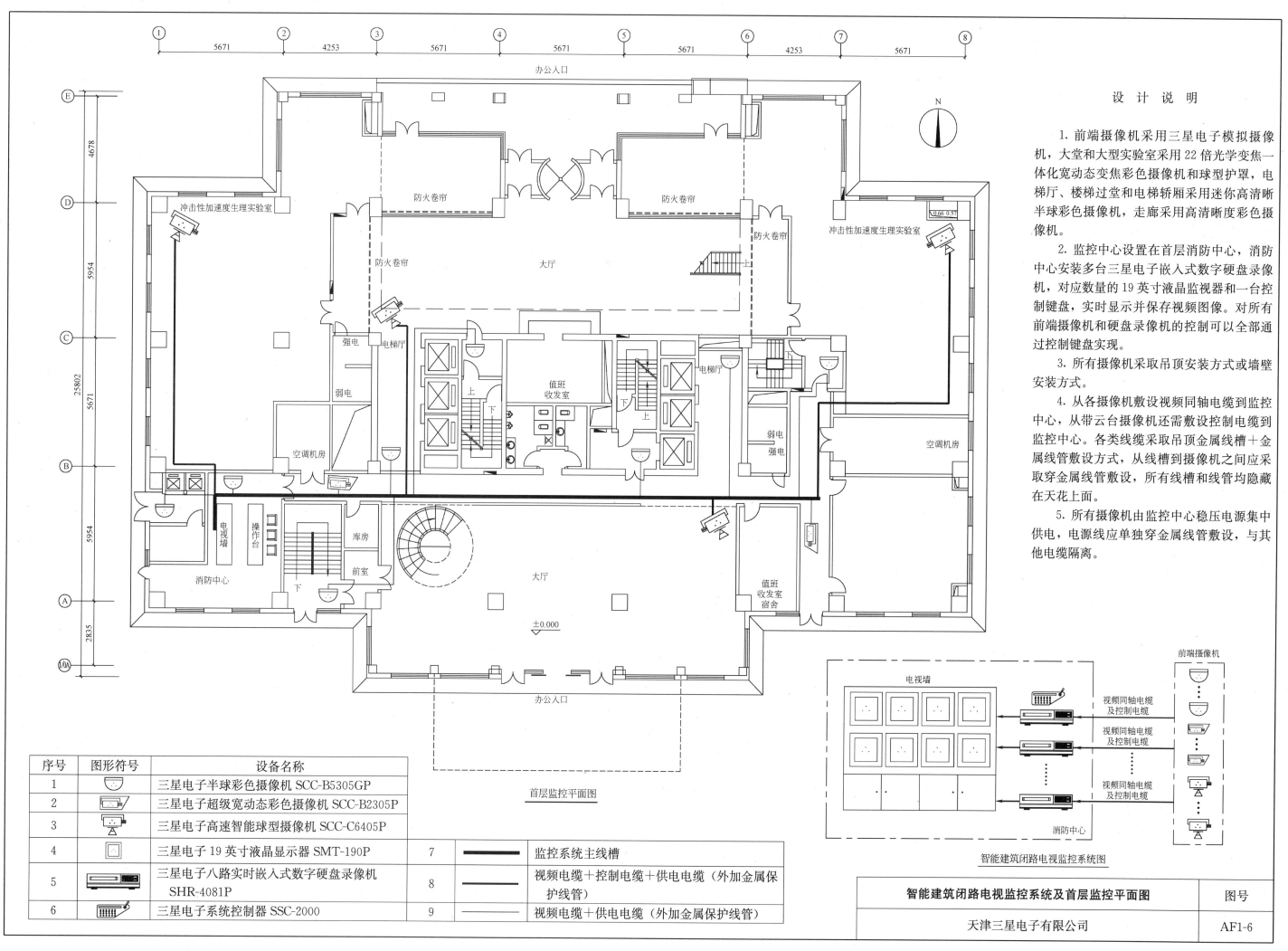

设 计 说 明

1. 前端摄像机采用三星电子模拟摄像机，大堂和大型实验室采用22倍光学变焦一体化宽动态变焦彩色摄像机和球型护罩，电梯厅、楼梯过堂和电梯轿厢采用迷你高清晰半球彩色摄像机，走廊采用高清晰度彩色摄像机。

2. 监控中心设置在首层消防中心，消防中心安装多台三星电子嵌入式数字硬盘录像机，对应数量的19英寸液晶监视器和一台控制键盘，实时显示并保存视频图像。对所有前端摄像机和硬盘录像机的控制可以全部通过控制键盘实现。

3. 所有摄像机采取吊顶安装方式或墙壁安装方式。

4. 从各摄像机敷设视频同轴电缆到监控中心，从带云台摄像机还需敷设控制电缆到监控中心。各类线缆采取吊顶金属线槽＋金属线管敷设方式，从线槽到摄像机之间应采取穿金属线管敷设，所有线槽和线管均隐藏在天花上面。

5. 所有摄像机由监控中心稳压电源集中供电，电源线应单独穿金属线管敷设，与其他电缆隔离。

首层监控平面图

智能建筑闭路电视监控系统图

序号	图形符号	设备名称
1		三星电子半球彩色摄像机 SCC-B5305GP
2		三星电子超级宽动态彩色摄像机 SCC-B2305P
3		三星电子高速智能球型摄像机 SCC-C6405P
4		三星电子19英寸液晶显示器 SMT-190P
5		三星电子八路实时嵌入式数字硬盘录像机 SHR-4081P
6		三星电子系统控制器 SSC-2000

7		监控系统主线槽
8		视频电缆＋控制电缆＋供电电缆（外加金属保护线管）
9		视频电缆＋供电电缆（外加金属保护线管）

智能建筑闭路电视监控系统及首层监控平面图	图号
天津三星电子有限公司	AF1-6

15

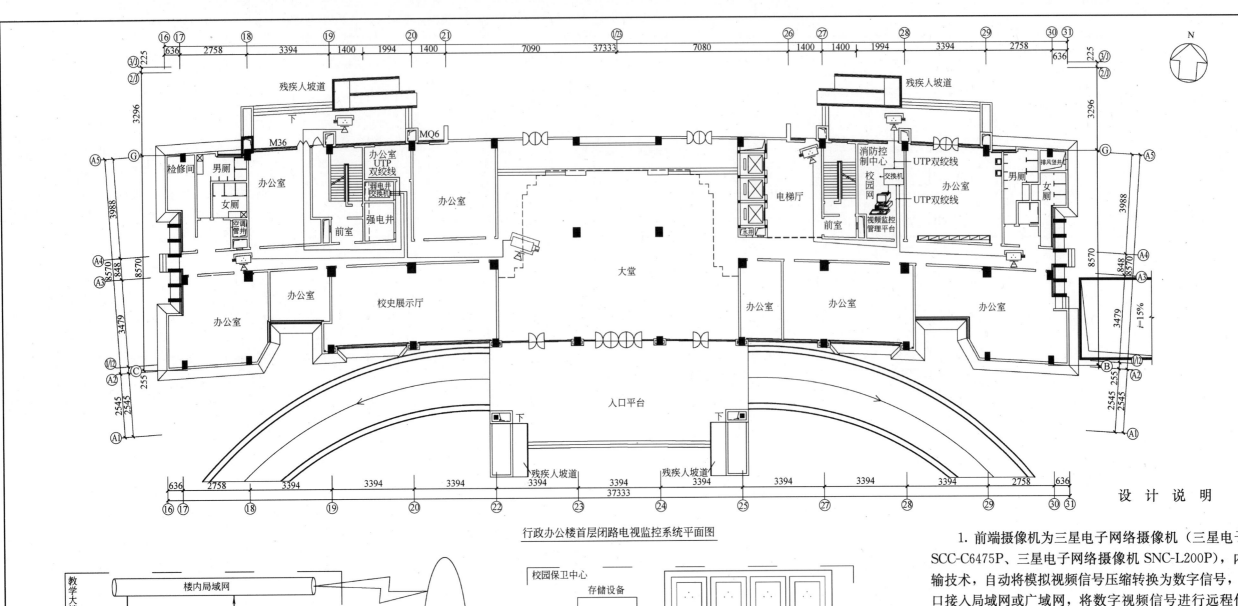

行政办公楼首层闭路电视监控系统平面图

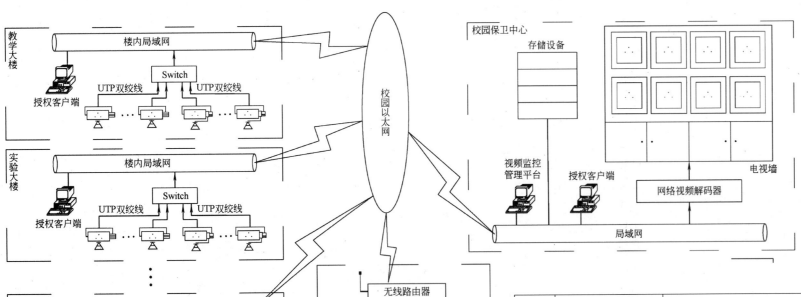

校园数字监控系统网络图

设 计 说 明

1. 前端摄像机为三星电子网络摄像机（三星电子网络高速智能球型摄像机 SCC-C6475P、三星电子网络摄像机 SNC-L200P），内置视频压缩和网络数字传输技术，自动将模拟视频信号压缩转换为数字信号，通过机身背后的标准网络接口接入局域网或广域网，将数字视频信号进行远程传输。三星电子网络摄像机 SNC-L200WP 内置天线，支持 IEEE 802.11b 无线网络通讯，可接入无线局域网从而实现数字视频信号的无线传输。

2. 三星电子网络摄像机带 10/100Base-T 网络接口，通过超五类双绞线或六类双绞线缆等标准综合布线双绞线缆接入网络交换机，后者通过自带光纤模块接入校园以太网，学校保卫中心和各授权监控站点通过校园以太网实时监控各监控点的图像。基于以太网的存储设备实时存储各路摄像机的视频图像。

3. 从每台摄像机敷设 1 条超五类（或六类）UTP 双绞线到本建筑物弱电井或消防控制中心网络交换机网络端口，UTP 双绞线缆穿吊顶金属线槽敷设。

4. 网络交换机接入校园以太网，本建筑物的授权监控计算机通过校园网进行实时监控。

序号	图形符号	设备名称
1		三星电子网络高速智能球型摄像机 SCC-C6475P
2		三星电子网络摄像机 SNC-L200P
3		三星电子网络摄像机 SNC-L200WP
4	Switch	网络交换机

某大学校园数字监控系统网络图及局部监控平面图	图号
天津三星电子有限公司	AF1-7

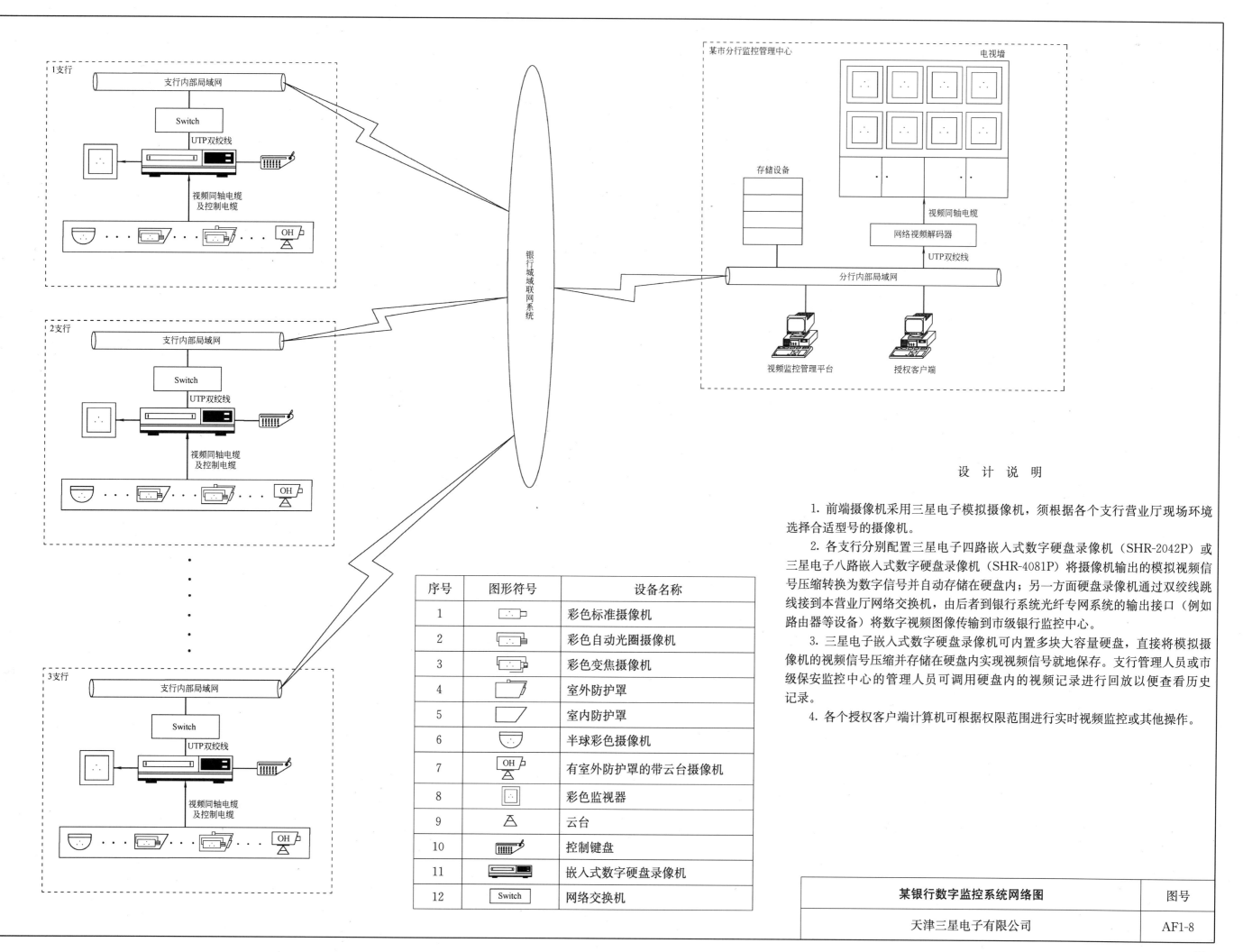

序号	图形符号	设备名称
1		彩色标准摄像机
2		彩色自动光圈摄像机
3		彩色变焦摄像机
4		室外防护罩
5		室内防护罩
6		半球彩色摄像机
7	OH	有室外防护罩的带云台摄像机
8		彩色监视器
9		云台
10		控制键盘
11		嵌入式数字硬盘录像机
12	Switch	网络交换机

设 计 说 明

1. 前端摄像机采用三星电子模拟摄像机，须根据各个支行营业厅现场环境选择合适型号的摄像机。

2. 各支行分别配置三星电子四路嵌入式数字硬盘录像机（SHR-2042P）或三星电子八路嵌入式数字硬盘录像机（SHR-4081P）将摄像机输出的模拟视频信号压缩转换为数字信号并自动存储在硬盘内；另一方面硬盘录像机通过双绞线跳线接到本营业厅网络交换机，由后者到银行系统光纤专网系统的输出接口（例如路由器等设备）将数字视频图像传输到市级银行监控中心。

3. 三星电子嵌入式数字硬盘录像机可内置多块大容量硬盘，直接将模拟摄像机的视频信号压缩并存储在硬盘内实现视频信号就地保存。支行管理人员或市级保安监控中心的管理人员可调用硬盘内的视频记录进行回放以便查看历史记录。

4. 各个授权客户端计算机可根据权限范围进行实时视频监控或其他操作。

某银行数字监控系统网络图	图号
天津三星电子有限公司	AF1-8

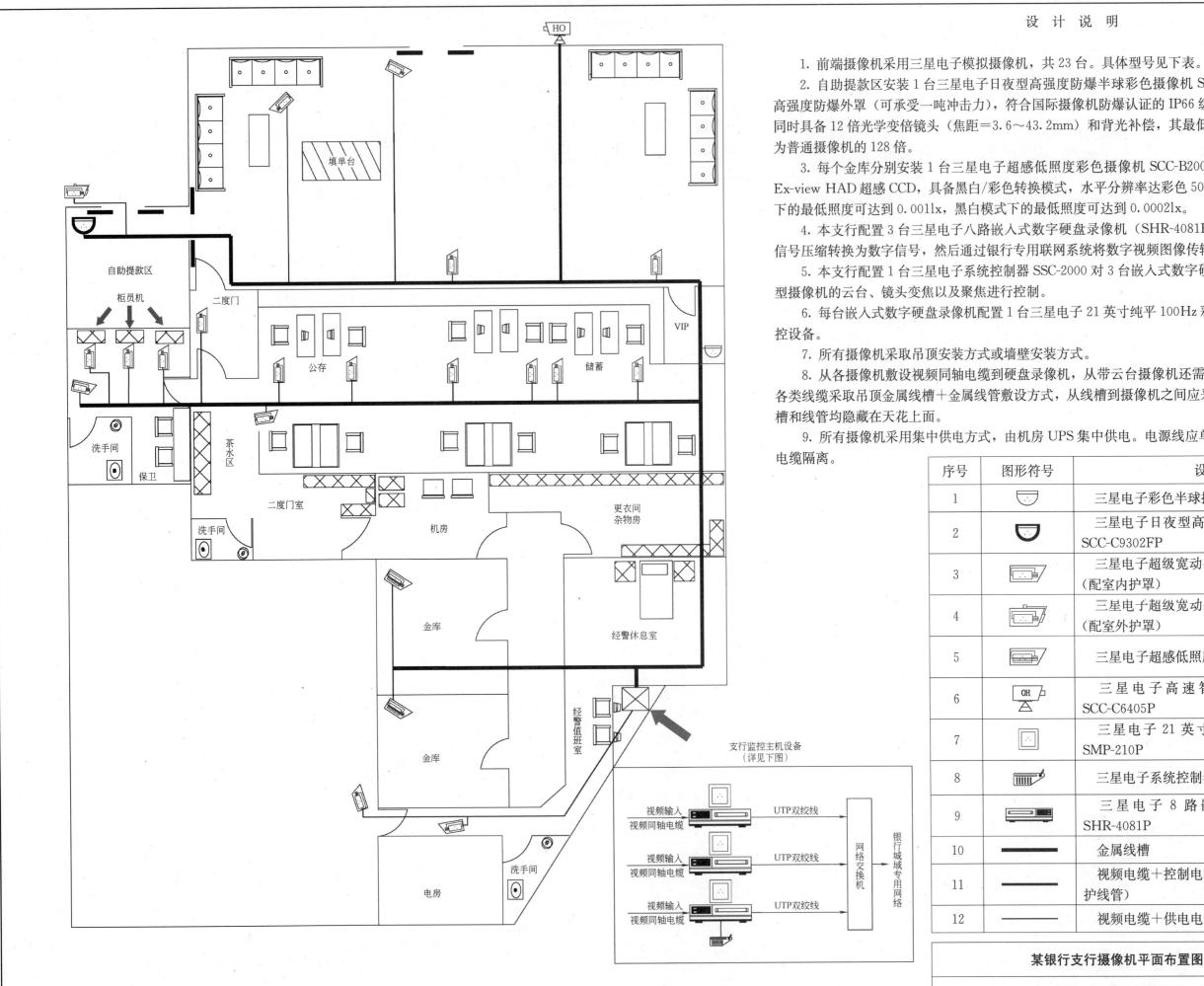

设 计 说 明

1. 前端摄像机采用三星电子模拟摄像机，共 23 台。具体型号见下表。

2. 自助提款区安装 1 台三星电子日夜型高强度防爆半球彩色摄像机 SCC-C9302FP。该摄像机运用高强度防爆外罩（可承受一吨冲击力），符合国际摄像机防爆认证的 IP66 级（此等级为防爆最高等级）；同时具备 12 倍光学变倍镜头（焦距＝3.6～43.2mm）和背光补偿，其最低照度达到 0.01lx；其宽动态为普通摄像机的 128 倍。

3. 每个金库分别安装 1 台三星电子超感低照度彩色摄像机 SCC-B2007P。该摄像机内置 1/3 英寸 Ex-view HAD 超感 CCD，具备黑白/彩色转换模式，水平分辨率达彩色 500 线、黑白 530 线，彩色模式下的最低照度可达到 0.001lx，黑白模式下的最低照度可达到 0.0002lx。

4. 本支行配置 3 台三星电子八路嵌入式数字硬盘录像机（SHR-4081P）将摄像机输出的模拟视频信号压缩转换为数字信号，然后通过银行专用联网系统将数字视频图像传输到市级保安监控中心。

5. 本支行配置 1 台三星电子系统控制器 SSC-2000 对 3 台嵌入式数字硬盘录像机和前端高速智能球型摄像机的云台、镜头变焦以及聚焦进行控制。

6. 每台嵌入式数字硬盘录像机配置 1 台三星电子 21 英寸纯平 100Hz 彩色监视器 SMP-210P 作为监控设备。

7. 所有摄像机采取吊顶安装方式或墙壁安装方式。

8. 从各摄像机敷设视频同轴电缆到硬盘录像机，从带云台摄像机还需敷设控制电缆到硬盘录像机。各类线缆采取吊顶金属线槽＋金属线管敷设方式，从线槽到摄像机之间应采取穿金属线管敷设，所有线槽和线管均隐藏在天花上面。

9. 所有摄像机采用集中供电方式，由机房 UPS 集中供电。电源线应单独穿金属线管敷设，与其他电缆隔离。

序号	图形符号	设备名称
1		三星电子彩色半球摄像机 SCC-B5203P
2		三星电子日夜型高强度防爆半球彩色摄像机 SCC-C9302FP
3		三星电子超级宽动态彩色摄像机 SCC-B2005P（配室内护罩）
4		三星电子超级宽动态彩色摄像机 SCC-B2005P（配室外护罩）
5		三星电子超感低照度彩色摄像机 SCC-B2007P
6		三星电子高速智能球型宽动态摄像机 SCC-C6405P
7		三星电子 21 英寸纯平 100Hz 彩色监视器 SMP-210P
8		三星电子系统控制器 SSC-2000
9		三星电子 8 路嵌入式数字硬盘录像机 SHR-4081P
10		金属线槽
11		视频电缆＋控制电缆＋供电电缆（外加金属保护线管）
12		视频电缆＋供电电缆（外加金属保护线管）

某银行支行摄像机平面布置图	图号
天津三星电子有限公司	AF1-9

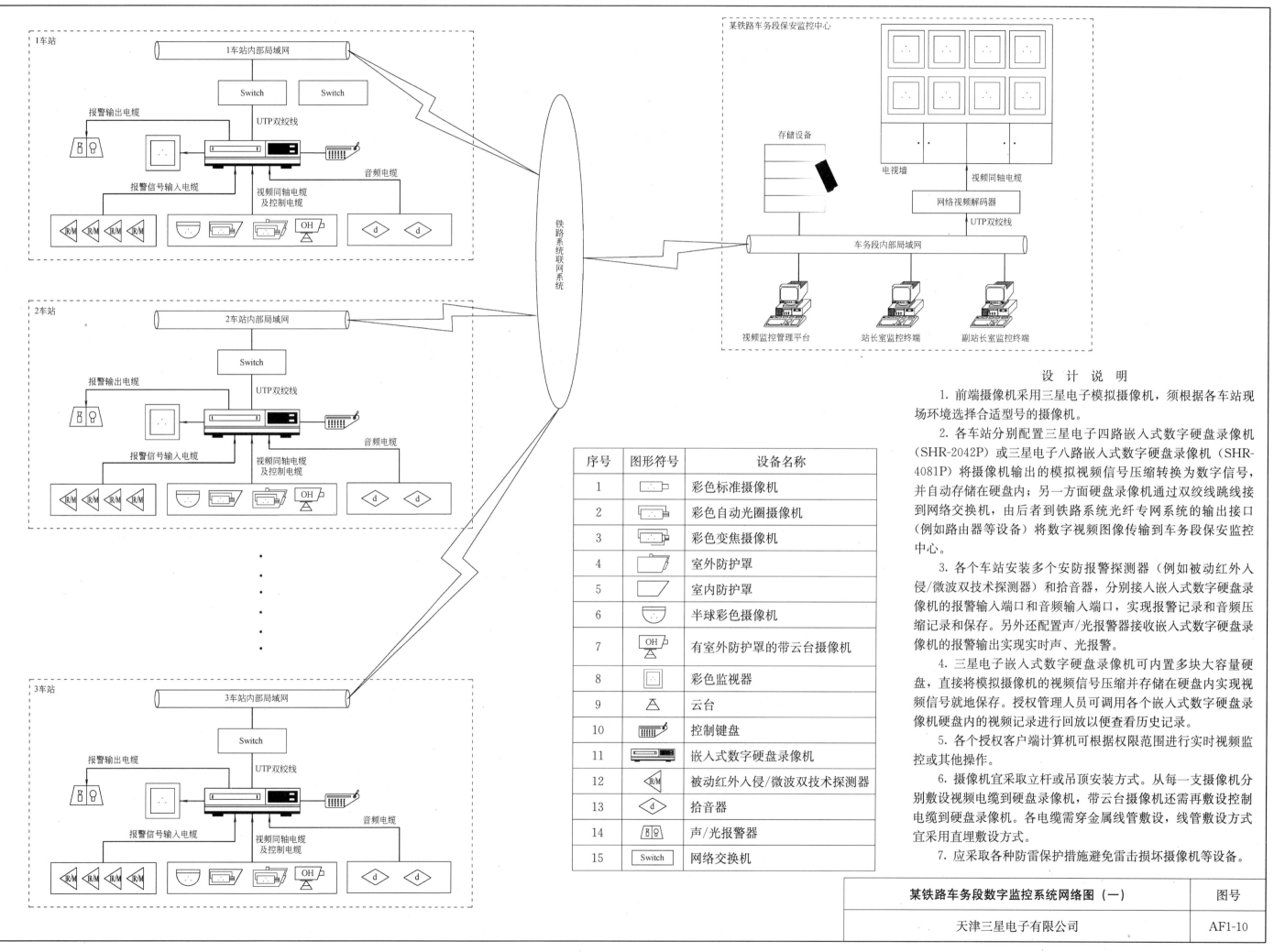

序号	图形符号	设备名称
1		彩色标准摄像机
2		彩色自动光圈摄像机
3		彩色变焦摄像机
4		室外防护罩
5		室内防护罩
6		半球彩色摄像机
7	OH	有室外防护罩的带云台摄像机
8		彩色监视器
9		云台
10		控制键盘
11		嵌入式数字硬盘录像机
12	R/M	被动红外入侵/微波双技术探测器
13	d	拾音器
14		声/光报警器
15	Switch	网络交换机

设 计 说 明

1. 前端摄像机采用三星电子模拟摄像机，须根据各车站现场环境选择合适型号的摄像机。

2. 各车站分别配置三星电子四路嵌入式数字硬盘录像机（SHR-2042P）或三星电子八路嵌入式数字硬盘录像机（SHR-4081P）将摄像机输出的模拟视频信号压缩转换为数字信号，并自动存储在硬盘内；另一方面硬盘录像机通过双绞线跳线接到网络交换机，由后者到铁路系统光纤专网系统的输出接口（例如路由器等设备）将数字视频图像传输到车务段保安监控中心。

3. 各个车站安装多个安防报警探测器（例如被动红外入侵/微波双技术探测器）和拾音器，分别接入嵌入式数字硬盘录像机的报警输入端口和音频输入端口，实现报警记录和音频压缩记录和保存。另外还配置声/光报警器接收嵌入式数字硬盘录像机的报警输出实现实时声、光报警。

4. 三星电子嵌入式数字硬盘录像机可内置多块大容量硬盘，直接将模拟摄像机的视频信号压缩并存储在硬盘内实现视频信号就地保存。授权管理人员可调用各个嵌入式数字硬盘录像机硬盘内的视频记录进行回放以便查看历史记录。

5. 各个授权客户端计算机可根据权限范围进行实时视频监控或其他操作。

6. 摄像机宜采取立杆或吊顶安装方式。从每一支摄像机分别敷设视频电缆到硬盘录像机，带云台摄像机还需再敷设控制电缆到硬盘录像机。各电缆需穿金属线管敷设，线管敷设方式宜采用直埋敷设方式。

7. 应采取各种防雷保护措施避免雷击损坏摄像机等设备。

某铁路车务段数字监控系统网络图（一）	图号
天津三星电子有限公司	AF1-10

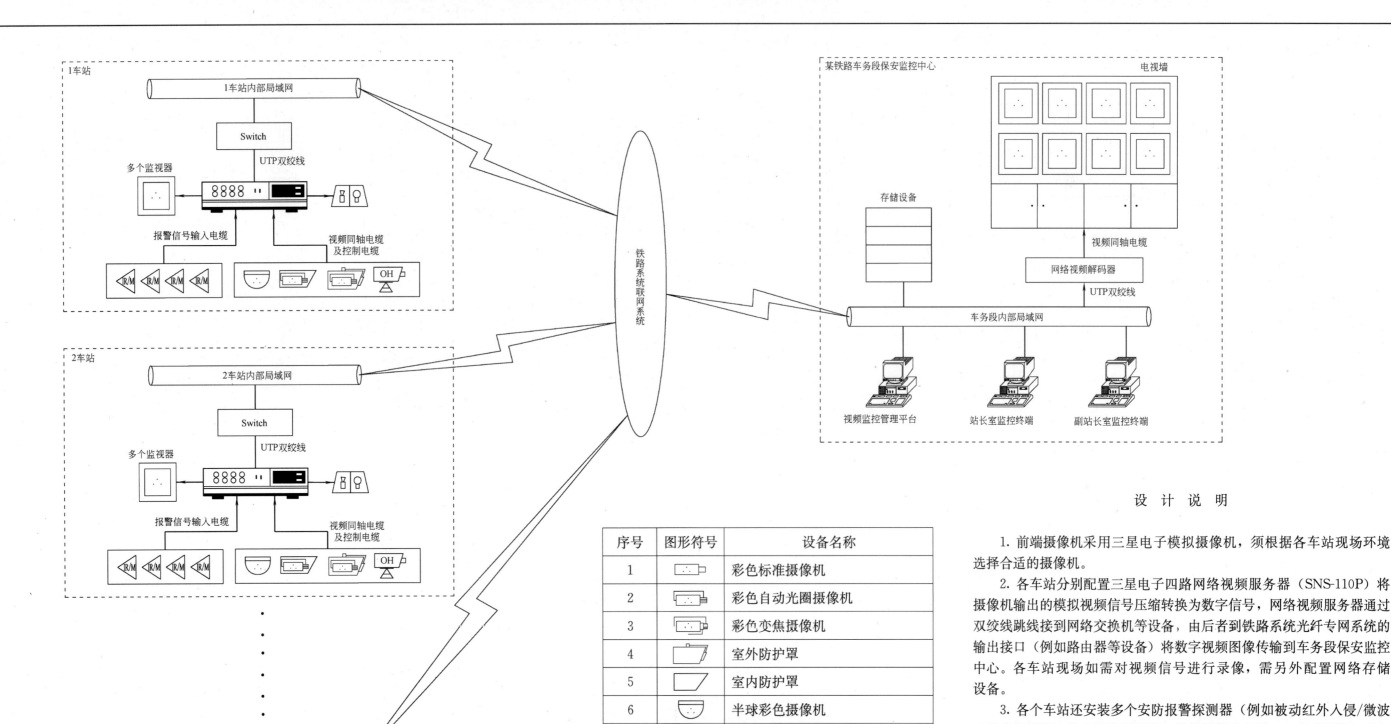

序号	图形符号	设备名称
1		彩色标准摄像机
2		彩色自动光圈摄像机
3		彩色变焦摄像机
4		室外防护罩
5		室内防护罩
6		半球彩色摄像机
7	OH	有室外防护罩的带云台摄像机
8		彩色监视器
9		云台
10		控制键盘
11	8888	四路网络视频服务器
12	R/M	被动红外入侵/微波双技术探测器
13		声/光报警器
14	Switch	网络交换机

设 计 说 明

1. 前端摄像机采用三星电子模拟摄像机，须根据各车站现场环境选择合适的摄像机。

2. 各车站分别配置三星电子四路网络视频服务器（SNS-110P）将摄像机输出的模拟视频信号压缩转换为数字信号，网络视频服务器通过双绞线跳线接到网络交换机等设备，由后者到铁路系统光纤专网系统的输出接口（例如路由器等设备）将数字视频图像传输到车务段保安监控中心。各车站现场如需对视频信号进行录像，需另外配置网络存储设备。

3. 各个车站还安装多个安防报警探测器（例如被动红外入侵/微波双技术探测器）接入网络视频服务器的报警输入端口，实现报警记录和音频压缩记录和保存。另外还配置声、光报警器接收网络视频服务器的报警输出实现实时声、光报警。

4. 现场带云台摄像机可通过控制键盘等设备进行控制。

5. 各个授权客户端计算机可根据权限范围进行实时视频监控或其他操作。

6. 摄像机宜采取立杆或吊顶安装方式。从每一支摄像机分别敷设视频电缆到硬盘录像机，带云台摄像机还需再敷设控制电缆到硬盘录像机。各电缆需穿金属线管敷设，线管敷设方式宜采用直埋敷设方式。

7. 应采取各种防雷保护措施避免雷击损坏摄像机等设备。

某铁路车务段数字监控系统网络图（二）	图号
天津三星电子有限公司	AF1-11

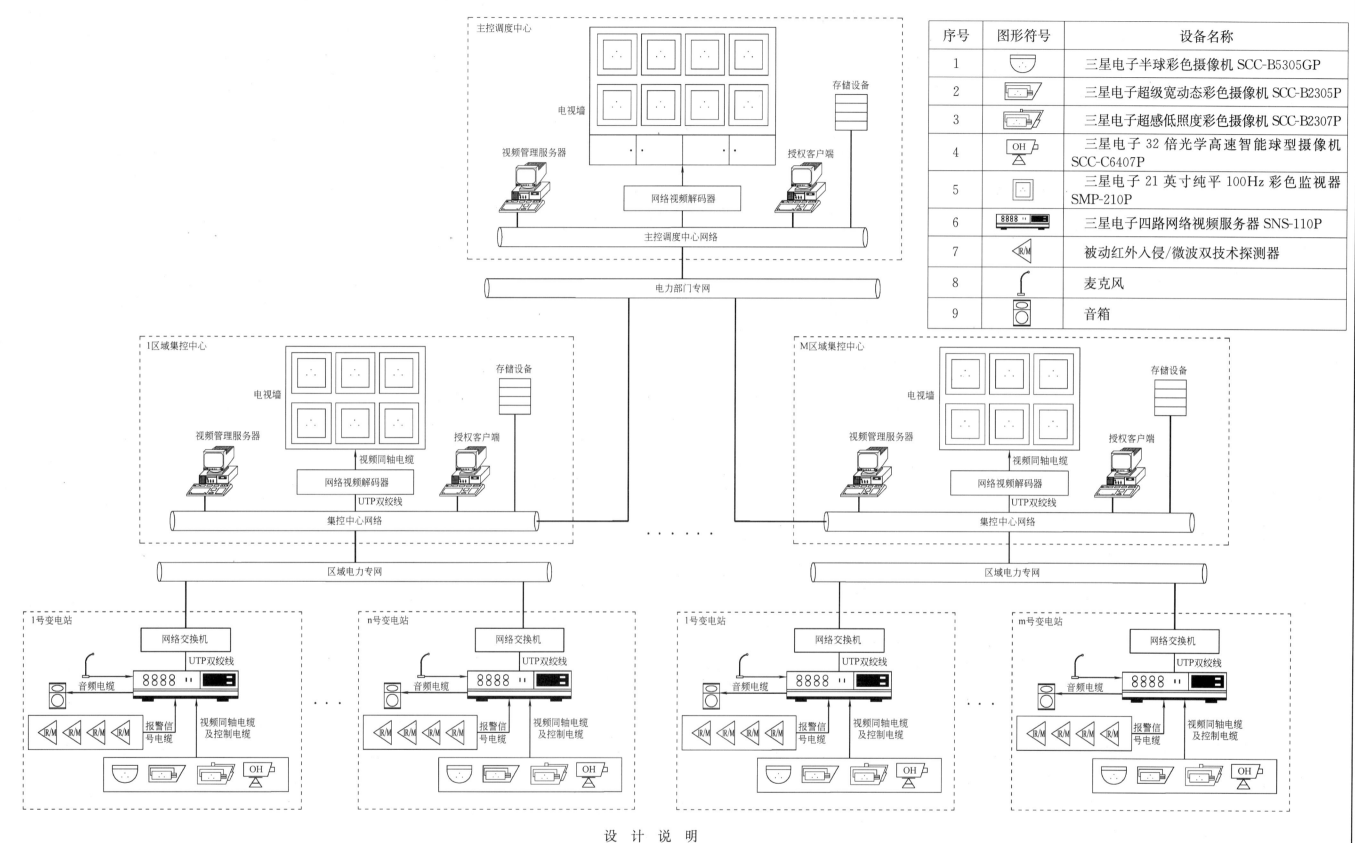

序号	图形符号	设备名称
1		三星电子半球彩色摄像机 SCC-B5305GP
2		三星电子超级宽动态彩色摄像机 SCC-B2305P
3		三星电子超感低照度彩色摄像机 SCC-B2307P
4	OH	三星电子 32 倍光学高速智能球型摄像机 SCC-C6407P
5		三星电子 21 英寸纯平 100Hz 彩色监视器 SMP-210P
6	8888	三星电子四路网络视频服务器 SNS-110P
7	IR/M	被动红外入侵/微波双技术探测器
8		麦克风
9		音箱

设 计 说 明

1. 摄像机采用三星电子模拟摄像机，须根据各监控现场环境选择合适型号的摄像机。

2. 各变电站端装备三星电子四路网络视频服务器 SNS-110P，完成对视音频信号的数字化及编码压缩处理。视频服务器通过双绞线跳线接到网络交换机上，由后者到电力系统光纤专网系统的输出接口（例如路由器等设备）将数字视频图像传输到上级监控中心。

3. 电力变电站远程图像监控系统基本上分为主控中心、区域监控中心和变电站端三级网络结构。各集控中心（包括巡检中心）设区域监控中心，利用监控中心与变电站之间的 10/100Mb/s（10/100BASE）光/电接口通道或 2Mb/s（G.703）电路通道，接收各变电站上传的视音频信息，在电力系统光纤网络上进行远程实时监控。

4. 各个授权客户端计算机可根据权限范围进行实时视频监控或其他操作。

5. 摄像机宜采用吊顶安装方式。从每一支摄像机分别敷设视频电缆到硬盘录像机，带云台摄像机还需再敷设控制电缆到硬盘录像机。各电缆需穿金属线管敷设，线管敷设方式宜采用直埋敷设方式。

6. 应采取各种防雷保护措施避免雷击损坏摄像机等设备。

电力变电站远程图像监控系统网络图	图号
天津三星电子有限公司	AF1-12

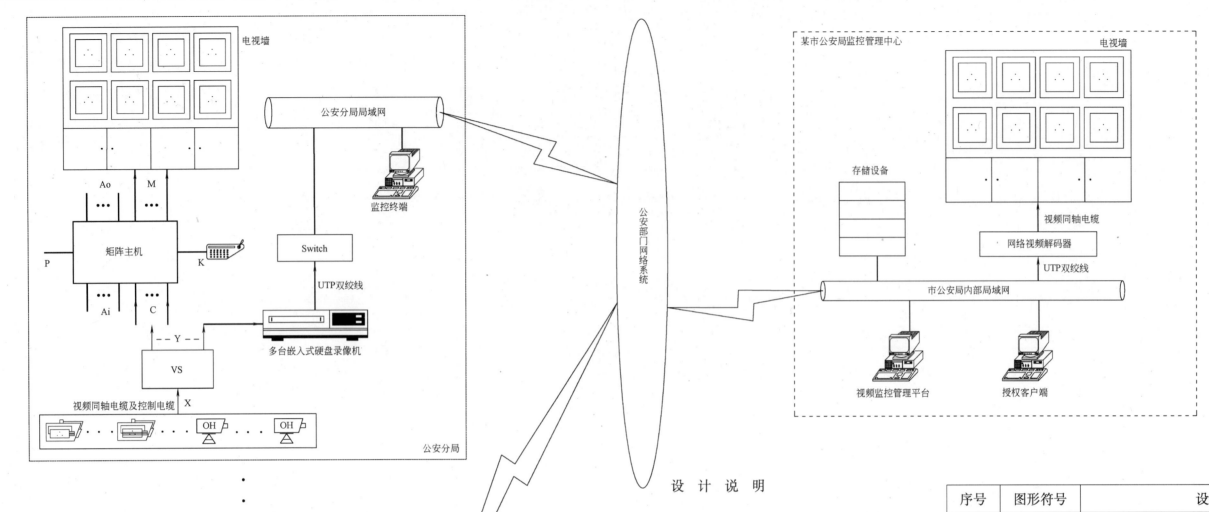

设 计 说 明

1. 摄像机采用三星电子模拟摄像机,须根据治安监控现场环境选择合适型号的摄像机。

2. 各公安分局分别配置三星电子八路嵌入式数字硬盘录像机将摄像机输出的模拟视频信号压缩转换为数字信号并自动存储在硬盘内;另一方面硬盘录像机通过双绞线跳线接到公安分局网络交换机,由后者到市级公安系统光纤专网系统的输出接口(例如路由器等设备)将数字视频图像传输到市公安局监控中心。

3. 三星电子嵌入式数字硬盘录像机可内置多块大容量硬盘,直接将模拟摄像机的视频信号压缩并存储在硬盘内实现视频信号就地保存。分局管理人员或市局管理人员可调用硬盘内的视频记录进行回放以便查看历史记录。

4. 各公安分局配置视频矩阵控制主机和电视墙,摄像机的视频信号传送到公安分局监控中心后通过视频分配器,一路视频输出接入视频矩阵控制主机,另一路视频输出接入数字硬盘录像机。

5. 摄像机宜采取立杆安装方式。从每一支摄像机分别敷设视频电缆到监控中心,带云台摄像机还需再敷设控制电缆到监控中心。各电缆需穿金属线管敷设,线管敷设方式宜采用直埋敷设方式。

6. 摄像机应置于接闪器(避雷针或其他接闪导体)有效保护范围之内,设备前的每条线路(如电源线、视频线、控制信号线等)应加装避雷器。进入监控室的各种金属管线应接到防感应雷的接地装置上。架空电缆直接引入时,在入户处加装避雷器,并将线缆金属外护层及自承钢索接到接地装置上。

序号	图形符号	设备名称
1		三星电子超级宽动态彩色摄像机 SCC-B2005P
2		三星电子超感低照度彩色摄像机 SCC-B2007P
3	OH	三星电子高速智能球型宽动态摄像机 SCC-C6407P
4		三星电子 21 英寸纯平 100Hz 彩色监视器 SMP-210P
5		三星电子 8 路嵌入式数字硬盘录像机 SHR-4081P
6		视频矩阵控制主机
7		矩阵控制主机键盘
8	VS	视频分配器
9	Switch	网络交换机

城市治安数字监控系统网络图(一)	图号
天津三星电子有限公司	AF1-13

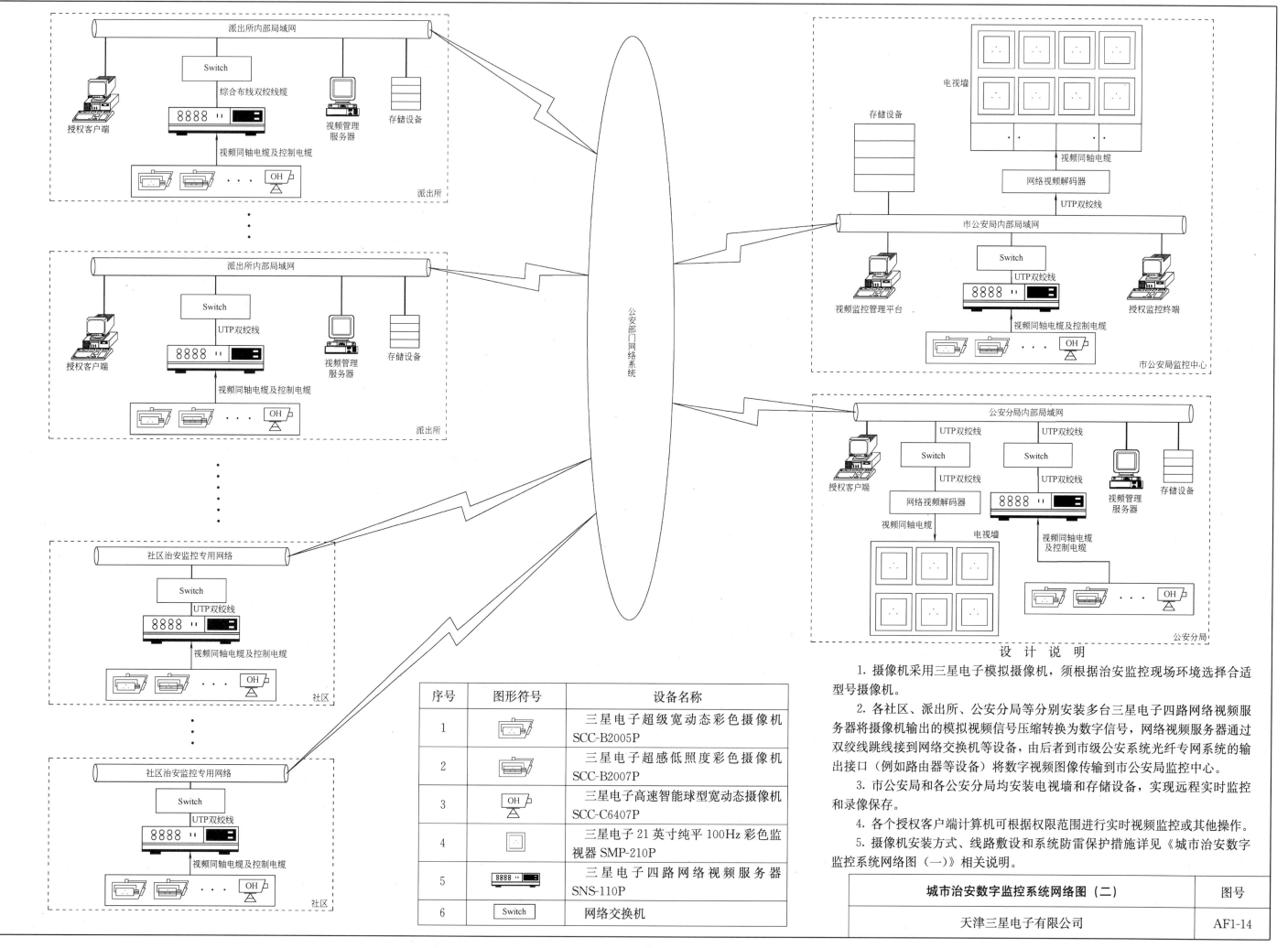

序号	图形符号	设备名称
1		三星电子超级宽动态彩色摄像机 SCC-B2005P
2		三星电子超感低照度彩色摄像机 SCC-B2007P
3	OH	三星电子高速智能球型宽动态摄像机 SCC-C6407P
4		三星电子 21 英寸纯平 100Hz 彩色监视器 SMP-210P
5	8888	三星电子四路网络视频服务器 SNS-110P
6	Switch	网络交换机

设 计 说 明

1. 摄像机采用三星电子模拟摄像机，须根据治安监控现场环境选择合适型号摄像机。

2. 各社区、派出所、公安分局等分别安装多台三星电子四路网络视频服务器将摄像机输出的模拟视频信号压缩转换为数字信号，网络视频服务器通过双绞线跳线接到网络交换机等设备，由后者到市级公安系统光纤专网系统的输出接口（例如路由器等设备）将数字视频图像传输到市公安局监控中心。

3. 市公安局和各公安分局均安装电视墙和存储设备，实现远程实时监控和录像保存。

4. 各个授权客户端计算机可根据权限范围进行实时视频监控或其他操作。

5. 摄像机安装方式、线路敷设和系统防雷保护措施详见《城市治安数字监控系统网络图（一）》相关说明。

城市治安数字监控系统网络图（二）	图号
天津三星电子有限公司	AF1-14

23

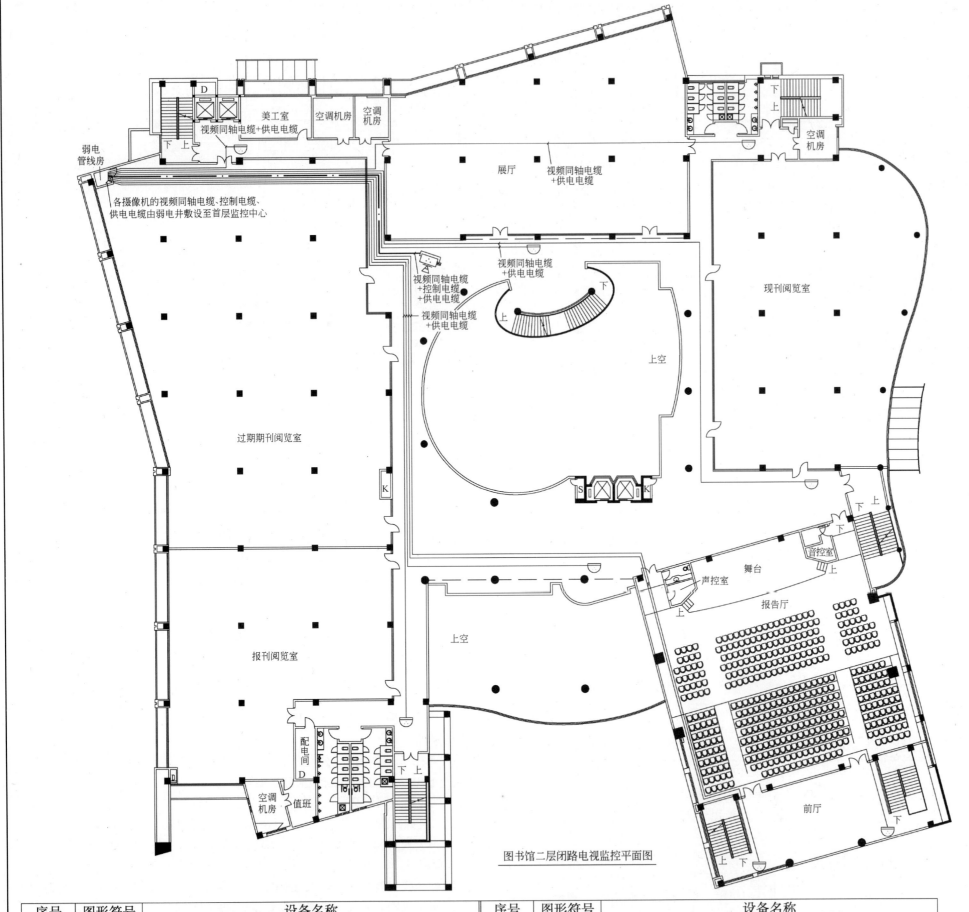

弱电管线房

各摄像机的视频同轴电缆、控制电缆、供电电缆由弱电电井敷设至首层监控中心

美工室
空调机房
空调机房

视频同轴电缆+供电电缆

展厅

视频同轴电缆+供电电缆

空调机房

视频同轴电缆+控制电缆+供电电缆

视频同轴电缆+供电电缆

现刊阅览室

过期期刊阅览室

上空

上

下

报刊阅览室

上空

音控室
声控室
舞台

报告厅

配电间
空调机房
值班

前厅

图书馆二层闭路电视监控平面图

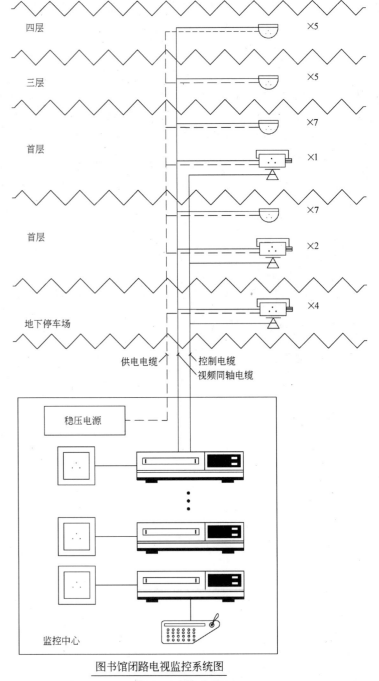

四层 ×5

三层 ×5

×7

首层 ×1

首层 ×7

×2

地下停车场 ×4

供电电缆　控制电缆　视频同轴电缆

稳压电源

监控中心

图书馆闭路电视监控系统图

设 计 说 明

1. 前端摄像机采用三星电子模拟摄像机，主要采用半球型摄像机和球型护罩带云台摄像机。从各摄像机敷设视频同轴电缆和视频同轴电缆到监控中心，从带云台摄像机还需敷设控制电缆到监控中心。

2. 监控中心设置在首层消防控制中心，监控中心安装多台三星电子八路嵌入式数字硬盘录像机和监视器，实时显示并保存视频图像。

3. 硬盘录像机和摄像机云台、镜头控制通过三星电子系统控制器实现。

4. 所有摄像机采取吊顶安装方式。从各摄像机敷设视频同轴电缆到监控中心，从带云台摄像机还需敷设控制电缆到监控中心。各类线缆采取吊顶金属线槽＋金属线管敷设方式，从线槽到摄像机之间应采取穿金属线管敷设，所有线槽和线管均隐藏在天花上面。

5. 所有摄像机由监控中心稳压电源集中供电，电源线应单独穿金属线管敷设，与其他电缆隔离。

序号	图形符号	设备名称	序号	图形符号	设备名称
1		三星电子彩色半球摄像机 SCC-B5203SP	5		三星电子八路嵌入式数字硬盘录像机 SHR-4081P
2		三星电子高速智能球型摄像机 SCC-C6405P	6	——	视频同轴电缆＋供电电缆（外加金属保护线管）
3		三星电子21英寸纯平100Hz彩色监视器 SMP-210P	7	——	视频同轴电缆＋控制电缆＋供电电缆（外加金属保护线管）
4		三星电子系统控制器 SSC-2000			

某图书馆二层闭路电视监控平面图	图号
天津三星电子有限公司	AF1-15

24

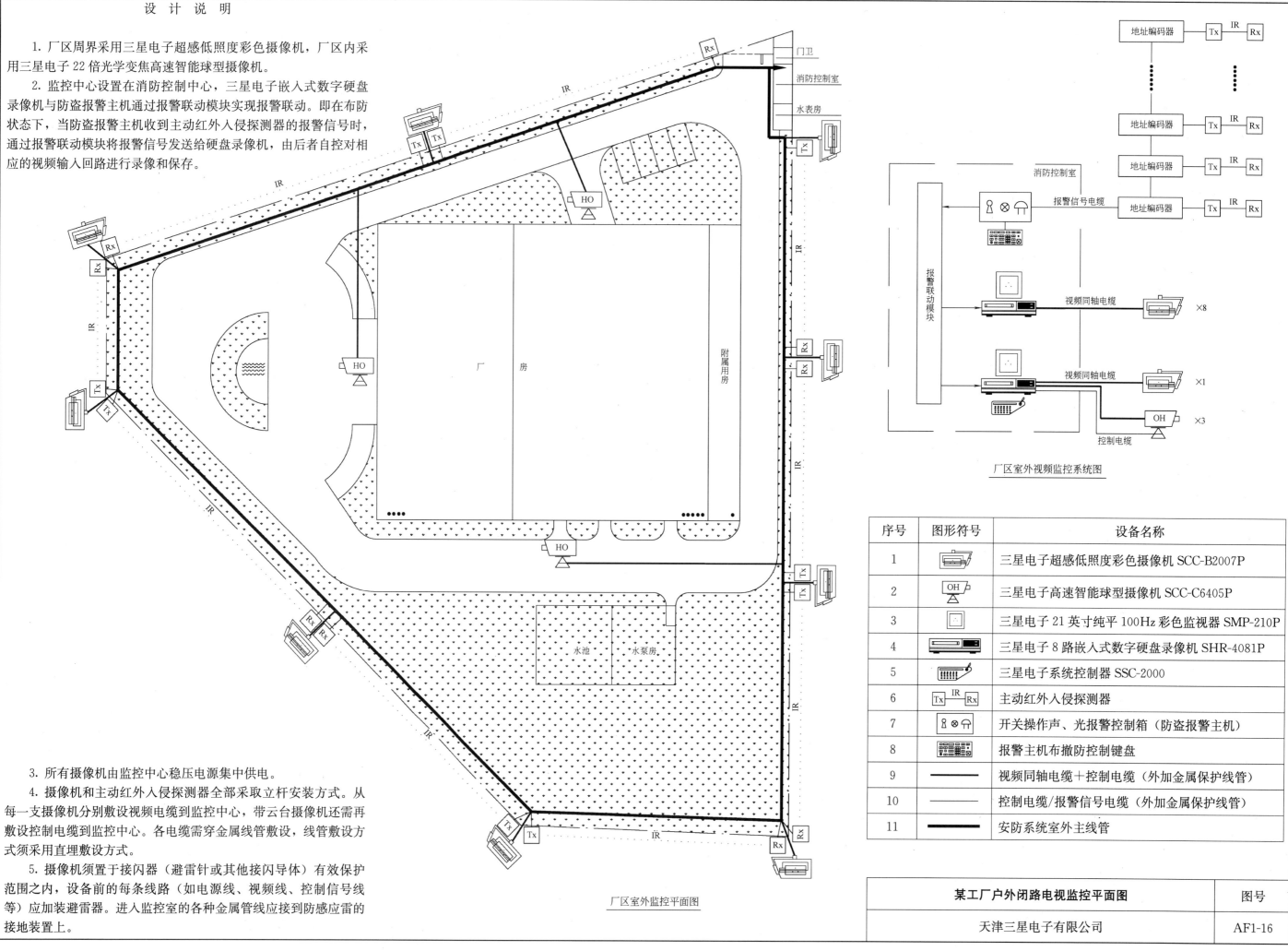

設 計 說 明

1. 厂区周界采用三星电子超感低照度彩色摄像机，厂区内采用三星电子 22 倍光学变焦高速智能球型摄像机。

2. 监控中心设置在消防控制中心，三星电子嵌入式数字硬盘录像机与防盗报警主机通过报警联动模块实现报警联动。即在布防状态下，当防盗报警主机收到主动红外入侵探测器的报警信号时，通过报警联动模块将报警信号发送给硬盘录像机，由后者自控对相应的视频输入回路进行录像和保存。

3. 所有摄像机由监控中心稳压电源集中供电。

4. 摄像机和主动红外入侵探测器全部采取立杆安装方式。从每一支摄像机分别敷设视频电缆到监控中心，带云台摄像机还需再敷设控制电缆到监控中心。各电缆需穿金属线管敷设，线管敷设方式须采用直埋敷设方式。

5. 摄像机须置于接闪器（避雷针或其他接闪导体）有效保护范围之内，设备前的每条线路（如电源线、视频线、控制信号线等）应加装避雷器。进入监控室的各种金属管线应接到防感应雷的接地装置上。

厂区室外视频监控系统图

厂区室外监控平面图

序号	图形符号	设备名称
1		三星电子超感低照度彩色摄像机 SCC-B2007P
2		三星电子高速智能球型摄像机 SCC-C6405P
3		三星电子 21 英寸纯平 100Hz 彩色监视器 SMP-210P
4		三星电子 8 路嵌入式数字硬盘录像机 SHR-4081P
5		三星电子系统控制器 SSC-2000
6	Tx IR Rx	主动红外入侵探测器
7		开关操作声、光报警控制箱（防盗报警主机）
8		报警主机布撤防控制键盘
9		视频同轴电缆＋控制电缆（外加金属保护线管）
10		控制电缆/报警信号电缆（外加金属保护线管）
11		安防系统室外主线管

某工厂户外闭路电视监控平面图	图号
天津三星电子有限公司	AF1-16

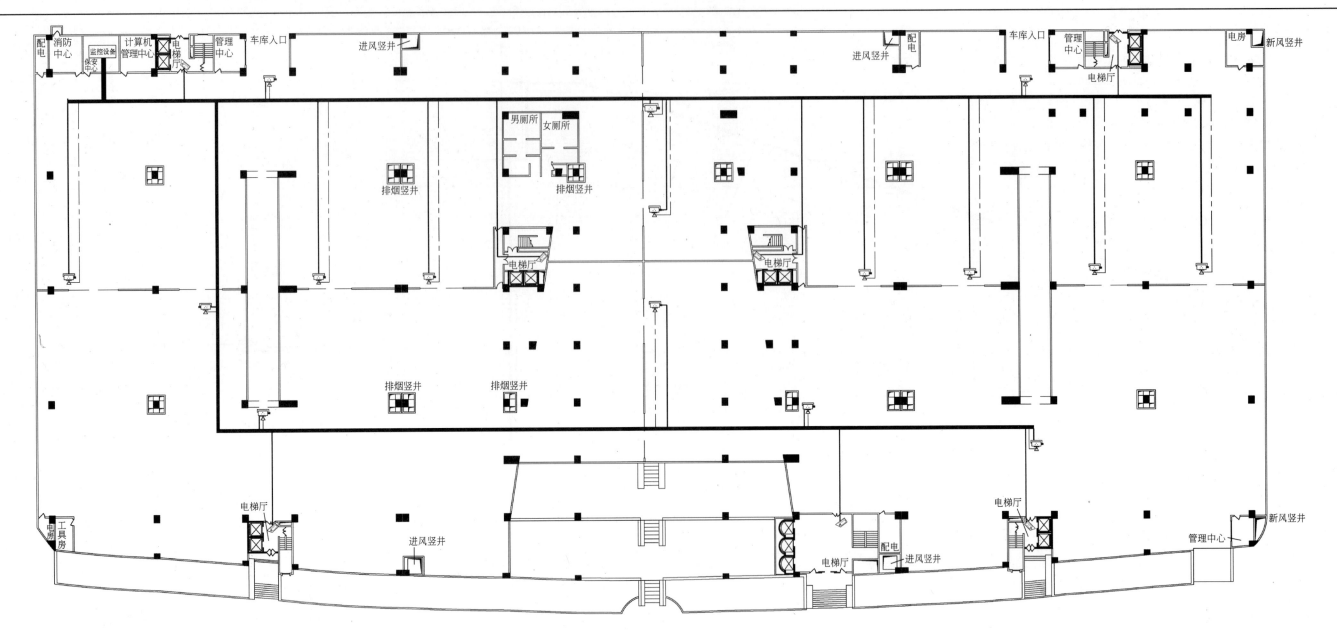

机场候机大厅闭路电视监控平面图

序号	图形符号	设备名称
1		三星电子彩色半球摄像机 SCC-B5203SP
2		三星电子超级宽动态彩色摄像机 SCC-B2005P
3		三星电子高速智能球型摄像机 SCC-C6405P
4		三星电子21英寸纯平100Hz彩色监视器 SMP-210P
5		三星电子8路嵌入式数字硬盘录像机 SHR-4081P
6		视频分配器
7		视频矩阵控制主机
8		矩阵控制主机主控键盘
9		视频同轴电缆（外加金属保护线管）
10		智能快球控制电缆（外加金属保护线管）
11		安防系统主线槽

设 计 说 明

1. 摄像机采用三星电子模拟摄像机，主要采用宽动态摄像机和高速智能球型摄像机。

2. 监控中心设置在首层保安中心，监控中心安装视频矩阵控制主机、控制键盘、多台三星电子嵌入式数字硬盘录像机和监视器，实时显示并保存视频图像。

3. 所有摄像机采取吊顶安装方式或墙壁安装方式。

4. 从各摄像机敷设视频同轴电缆到监控中心，从带云台摄像机还需敷设控制电缆到监控中心。各类线缆采取吊顶金属线槽＋金属线管敷设方式，从线槽到摄像机之间应采取穿金属线管敷设，所有线槽和线管均隐藏在天花上面。

5. 所有摄像机由监控中心稳压电源集中供电，电源线应单独穿金属线管敷设，与其他电缆隔离。

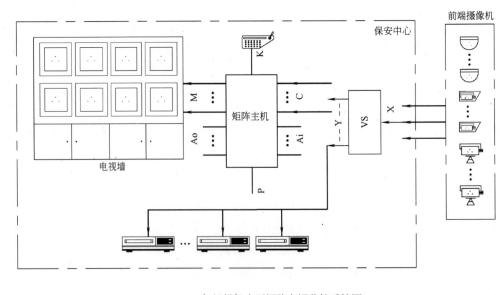

机场候机大厅闭路电视监控系统图

某机场候机大厅首层闭路电视监控平面图	图号
天津三星电子有限公司	AF1-17

松下电器（中国）有限公司
网络监控系统概述——I-Pro 网络监控系统

概述：

随着网络技术的不断深入发展，视频监控技术沿着网络化、模块化的方向发展。网络监控系统是以 LAN/WAN 为现场总线构成的，具有高质量的，实时的图像监控功能的网络视频监控系统，适用于大型、地理区域分散的监控系统。结合安防监控的实际要求，运用最新的数字视频技术，网络通信技术建立软硬件相结合，优化了监控系统的内部结构，提高整体性能和反应速度，满足新技术不断发展的需要，采用通用的 IP 协议来构建网络，能提供各种增值服务。

目前，网络监控系统从结构上划分，分为 IP 网络摄像机系统及编解码系统。松下电器公司的网络监控产品囊括了此两类产品：I-Pro 网络监控产品及 GX 编解码器系统。

1 I-Pro 网络监控系统

I-Pro 网络监控产品，是结合安防监控的实际要求以及多年来不断完善的安防理论和经验，运用最新的数字视频技术，网络通信技术建立的完整的专业 IP 网络监控系统。

1.1 I-Pro 网络监控系统优势

1.1.1 功能优势

1) 布线区域广：采用网络监控，解决远程布线问题，解决远程布线信号衰减问题。

2) 易于扩展：所有的设备都以 IP 地址进行识别，可任意无缝扩展系统监控主机及远程监控主机。

3) 网络兼容：采用统一图像格式在网上传输，系统具有很强的兼容性，利于系统集成，系统接入方式灵活，利于满足各种特殊、复杂的监控要求。

4) 支持以太网供电：使布线简单。

1.1.2 应用优势

安全，可靠，方便，灵活；

安全可靠：IP 网络摄像机的视频图像信号以加密的 MJEG 和 MPEG4 图像压缩方式形成网络数据包，并通过网络交换机以组播的方式在网络中传输，远程监控的计算机均需经过视频监控管理服务器授权，有效的防范非法人员登录。很好地与网络相结合，各个职能部门只需监控相关的部位，轻易实现一台普通监控计算机同时监控与其相关的网络硬盘录像机图像及相关 IP 摄像机图像。

1.2 松下 I-Pro 产品优点

1) 高识别率：松下电器所发展的 DSP 和专利黑盒子技术具备高清晰度（125 万像素），高灵敏度，实时视频的特点，确保识别的精确性，是可靠监控所不可缺少的技术。

2) 高效：松下电器监控系统的历史可以追溯到 1960 年，该系统充分发挥了松下电器监控技术的专长，操控灵活且具有很多增强的功能。例如，ABF（自动后焦调整），简易 IP 安装，MPEG-4，POE（以太网供电模块）和其他智能特点，提高了安装、运行和管理的效率。

3) 可靠性：SD 存储器和 RAID5 性能使高级别风险管理成为可能。另外，作为整体监控系统供应商，松下电器竭尽全力使整个系统的性能与单个元件的可靠性全部令人满意。即使在最差的外界条件下，也可以提供全天候的稳定、可靠的监控环境。

4) 易于维护：使用网络可以进行远程状态监控和远程软件升级。

1.3 I-Pro 网络监控系统特点

1.3.1 采用最新数字影像技术，专业的 IP 网络监控摄像机

1) 百万像素 IP 摄像机实现精细识别

WV-NP1004 百万像素网络摄像机配备了具有 125 万像素（1280×960，4VGA）的逐行扫描 CCD，图像清晰度是以往摄像机的 4 倍，与现有模拟电视标准系统相比，扫描图像更为精细。

2) 满足专业需求的高灵敏度设计，可进行 24 小时监控

(1) 在黑白模式下，如果选择使用 F1.4 镜头，WV-NP1004 网络摄像机最低照度为 0.06lx。

(2) 所有的 I-Pro 系列摄像机均采用具有国际先进水平的高灵敏度设计并具备电子增强功能，可以在光线很暗的环境中拍摄彩色图像。

(3) 摄像机具有日/夜转换模式，在照度低的情况下，摄像机自动由彩色模式转换为黑白模式，适合 24 小时监控。

3) 实时视频传输功能，记录精确瞬间

(1) I-Pro 系列以 30 帧/s 的速度传送实时视频（30fps JPEG VGA（640×480））。

(2) The WV-NP1004 可以同时传送实时视频（30 fps MPEG-4 QVGA（320×240）和 JPEG（960×720：max.7.5 fps））图像，实现了在实时监控的同时获得高清晰度的图片。

1.3.2 高效系统设计，提高整体安防监控系统性能

1) 引入 MPEG4 视频压缩格式，窄带传输视频媒体：使以太网可以容纳更多摄像机视频信号。

2) 前端摄像机支持 POE（以太网供电），简化布线安装。

3) 摄像机增加 ABF（自动后焦调整）功能，自动提供精确聚焦，简化调试程序。

1.3.3 可靠的存储机制，确保图像记录的高可靠性和高稳定性，利于整合安防监控系统

1) 摄像机前端配置 SD 存储卡，当网络出现故障时可以进行监控图像自动备份，在网络恢复时对所备份的图像进行下载回放。

2) 网络硬盘录像机 WJ-ND300，内置 RAID5 功能，出现硬盘故障时也可以恢复存储图像。

3) 网络硬盘录像机 WJ-ND300 采用嵌入式操作系统，确保操作稳定性，支持全天候录像。

4) 松下提供 I-Pro 网络监控系统整套产品，包括网络摄像机、网络硬盘录像机、管理软件等，并提供安防监控整体解决方案。

1.3.4 人性化设计，利于网络安防监控系统安装和使用

1) 简易 IP 设置，I-Pro 系列摄像机联入 WJ-ND300 网络硬盘录像机后，使用简易 IP 设置功能可以轻松定位摄像机的 IP 地址（松下电器提供软件升级支持）。

2) 摄像机内置图像移动检测功能，图像防抖功能，纠错和自动报警等功能，使智能安防成为可能。

1.4 I-Pro 网络系统结构

如下图所示，通过松下的网络安防监控管理软件 WV-AS65，最多可以在一台个人电脑上控制 100 台 WJ-ND300 网络硬盘录像机或 WJ-HD316 硬盘录像机。

1) 网络模式：以最多 16 个画面同时显示，允许现场监测和重放功能同时使用，并显示收藏夹功能最多支持 500 种取景和摄像机安置方案，可兼容混合（数字+模拟）系统能控制最多 100 台 WJ-ND300 和 WJ-HD316A 型号的数字硬盘录像机。

2) 本地模式：多路 WJ-ND300 硬盘录像机的图像可以直接下载到客户，在个人电脑上，用于过滤搜索，回放和管理，并可预设下载和手动下载双重功能。

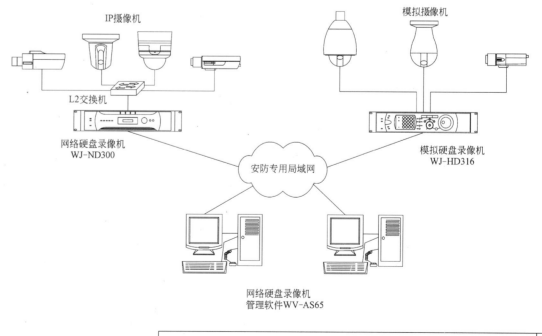

网络监控系统概述——I-Pro 网络监控系统	图号
松下电器（中国）有限公司	AF2-1

2 GX 编解码器系统

2.1 GX 编解码器网络监控系统概述

由于网络带宽及视频传输能力的限制，视频编解码器作为模拟监控和网络监控的过渡产品，在目前网络监控产品中，仍然扮演着重要角色。目前国内外的数字式网络监控仍然采用编解码器，通过网络来进行虚拟矩阵切换。图像压缩格式采用 MPEG-2 压缩，清晰度高、图像连续性好。

松下提供 MPEG2 视频编解码 GX 网络矩阵系统。结构设计上，GX 编解码器支持组播模式，网络图像利用组播传输方式，最大可达到 1024×256 的规模，通过 WJ-MPU955 管理，并通过以太网键盘 WV-CU950 控制。

2.2 GX 视频监控编解码器系统特点

GX 编解码器支持全数字矩阵 WJ-MPU955 管理控制，最大 1024 路摄像机输入，256 路监视器输出。GX 编解码器支持组播传输。

2.2.1 低延时，松下采用自主开发研制的低延时 MPEG2 编码专利技术的视频编码芯片。

2.2.2 GX 系统快速摄像机切换，在图像传输中引入 I-Picture 请求机制，并支持 IGMP V.2 协议，以及在解码器内置千兆以太网接口等多种网络优化机制，使网络视频图像实现快速切换。

2.2.3 GX 系统基于 IP 网络的矩阵模式，并可兼容传统模拟矩阵

1）中央处理器单元 WJ-MPU955 功能强大，兼容传统模拟矩阵和以太网虚拟矩阵。

2）网络系统控制器 WV-CU950，具有以太网接口。

3）模拟矩阵和编解码网络监控系统可以组建卫星式系统。

4）GX 编码器内置同轴视控功能及 RS-485 控制功能，兼容性良好。

2.2.4 GX900 系列编解码器基本参数

1）带宽 　　　　　　1.5～9Mbps

2）用户接口 　　　　硬件

3）图像质量 　　　　高（MPEG2，480TVL）

4）制式 　　　　　　NTSC 60ips（180msec）

5）网络传输方式 　　组播

6）控制系统 　　　　摄像机，SX850（MPU955）

7）多画面输出 　　　有

2.3 GX 编解码器系统结构

2.3.1 产品优势：MPEG2 端到端 IP 网络系统，传输延时仅 150ms，MPEG2 图像流畅，画质清晰真实。

2.3.2 产品特点

1）高画质 MPEG2 以太网编解码器。

2）实时监控，高速切换，低延时的 MPEG2 编解码器，端到端的延时仅为 150ms。

3）内置硬件防伪功能，网络视频信号加密处理。

2.3.3 适用范围

1）高速公路，轨道交通，机场等。

2）大型复杂建筑（体育场馆、公共设施）等。

2.3.4 网络结构

1）固定路径，图像点到点传输。

2）利用 WJ-MPU955 管理 CPU，实现切换。

3）通过 WJ-MPU955 管理 CPU，组建模拟监控系统（850 系统、650 系统）GX 编解码网络监控系统的大型混合系统。

3 网络监控系统网络结构

3.1 网络监控系统面临的图像传输问题，主要有以下三种：数据包丢失、传输延迟、多点传输产生的带宽负荷。网络监控系统对网络构建提出了新的要求。

1）数据包丢失，解决办法为：线路冗余设计、线路快速切换功能、高 QOS 管理、设备数据流量控制。

2）传输延迟，解决办法为：高品质交换机、QOS 控制、使用组播传输。

3）多点传输产生的带宽负荷，解决办法为：利用 VLAN 分割、多播过滤、IGMP 监听、Fast leave。

3.2 在网络构建时考虑以上问题，松下电器建议在网络交换机选择上注意以下问题：

3.2.1 L2 交换机设计

1）环型网络

2）STP（Spanning Tree Protocol）IEEE802.1d

3）RSTP（Rapid Spanning Tree Protocol）IEEE802.1w

4）AQR++（Advanced Quick Re-configuration）

5）Link-Aggregation

3.2.2 L3 交换机设计

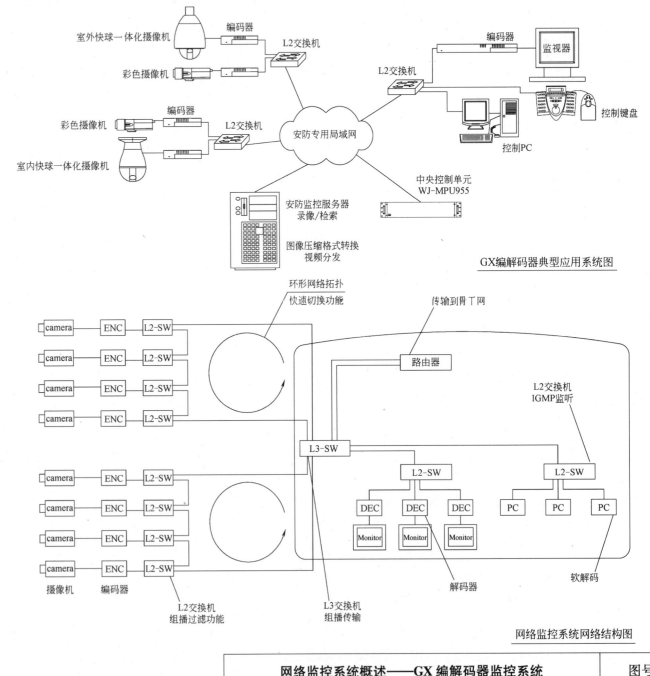

GX编解码器典型应用系统图

网络监控系统网络结构图

网络监控系统概述——GX 编解码器监控系统	图号
松下电器（中国）有限公司	AF2-2

网络视频监控系统软件说明

引言：

随着数字安防监控系统的发展，大量多种类的网络视频监控系统的硬件设备的投入和采用，为安防监控系统专业软件提出了新的要求。

网络视频监控硬件包括：网络摄像机、视频编解码器、网络快球以及硬盘录像机等设备。各设备采用的编码方式也各不相同，目前监控系统大多采用的编码格式主要有 MJPEG、MPEG1/2、MPEG4（SP/ASP）、H.264/AVC、WAVELET 等。监控网络视频编码格式，正处于一个技术日新月异的时期，视频编码的压缩性能在不断得到提升，编解码技术及方式将会继续快速更新，如何整合众多的网络视频数据信息，并依据行业管理及业务流程，将众多的视频资源进行有序、协调的管理，为大型视频监控系统的专业系统软件提出了新的要求。

1 松下电器网络视频监控管理平台的特点及优势

1）纯数字网络化的解决方案，提供高清晰度的网络图像质量；实时连续、边界清晰的高质量图像记录；兼容不同厂家的图像压缩格式；多种存储策略（网络硬盘录像机、磁盘阵列、一般 PC 存储等）；快速检索录像资料（事件检索、报警检索等）；提供高稳定性存储设备，便于维护和调试。

2）专业的监控用视频网络，涵盖监控特殊的功能和要求，有利于系统更新改造，整合各时期的不同产品，利用现有网络设备、模拟摄像机及现有图像资源，添加最新的网络监控摄像机，通过服务器终端对图像信息做统一管理及分发，可以通过局域网/无限/互联网等网络资源，监控分散在各地的实时检索或回放图像信息（远程管理中心、远程管理 PC、PDA、手机等）。

3）智能化监控功能，大型的监控管理系统，对系统内所有摄像机进行管理，对录像资料进行智能化分析（移动侦测、智能检索、智能自动跟踪、自动启动/事件侦测、自动巡检、自动报警、事件记录等）。

4）大量图像资料整合，图像媒体流管理。与自动柜员机、POS 机、ERP 等综合管理，自动存取系统，关联事件调用，自动报警等。

5）新旧设备整合，将所有摄像机图像按区域整合。

6）集中式管理，管理分散在各地点的视频管理主机，对系统进行例行的远程维护、备份、升级等。

2 视频监控管理软件结构及功能特点

2.1 软件平台结构

1）远程及多功能客户端 Remote ♀ Smart Client

2）图像虚拟切换服务器

3）管理服务器

4）中心服务器

5）图像分发服务器（PDA 等）

2.2 远程客户端功能

1）浏览器接入系统，人性化操作界面。

2）远程登录，监控高画质图像信息，可同时接收 JPEG 和 MPEG4 格式。

3）可直接控制相应摄像机，同时监控 1～16 台摄像机图像。

4）操作员帐号及权限管理，操作员习惯界面存储选择。

5）球形一体化摄像机及云台摄像机控制。

6）电子地图功能。

2.3 多功能客户端功能

1）包含远程客户端所有功能，C/S 结构。

2）语音检索功能，智能检索功能。

3）单一画面同时显示 64 支摄像机。支持大屏幕显示及多屏幕显示。

4）在线报警弹出功能（轮巡功能），可利用传统控制键盘控制。

5）虚拟矩阵功能。

2.4 虚拟矩阵功能

1）Matrix 可以向互联网上任意位置快速传输摄像机图像。

2）将图像切换到网络上任意监视器。

3）提供虚拟监控中心功能。/＊必须与企业版软件同时使用。

4）通过多功能客户端，实现事件/报警触发，单屏可支持 1～4 路摄像机图像。

2.5 中心客户端功能

1）通过中央控制室，同时监控不同地点、不同区域的实时图像。

2）自动分析图像信息，报警发生时，能够自动弹出报警图像，并以事件标记录像资料，利于图像检索及回放。

3）报警地点的报警图像资料，按预先设定权限，管理员可通过网络上任意地点进行登录查询，并对报警信息、图像进行远程管理和发送。

4）从中央控制室，浏览多个电视墙上的实时图像信息。

5）并可通过常规专用控制键盘控制实时图像及云台和球形一体化摄像机。

2.6 中心服务器功能

1）集中浏览和控制前端及中心设备。

2）提供多层电子地图查询功能。

3）兼容声光报警、报警联动等功能。

4）快速检索联动报警图像。

5）分散型报警管理，并及时通知管理者。

6）多级报警管理。

7）监控所有硬件设备运行状态及报警管理。

8）整合所有第三方产品，兼容接口。

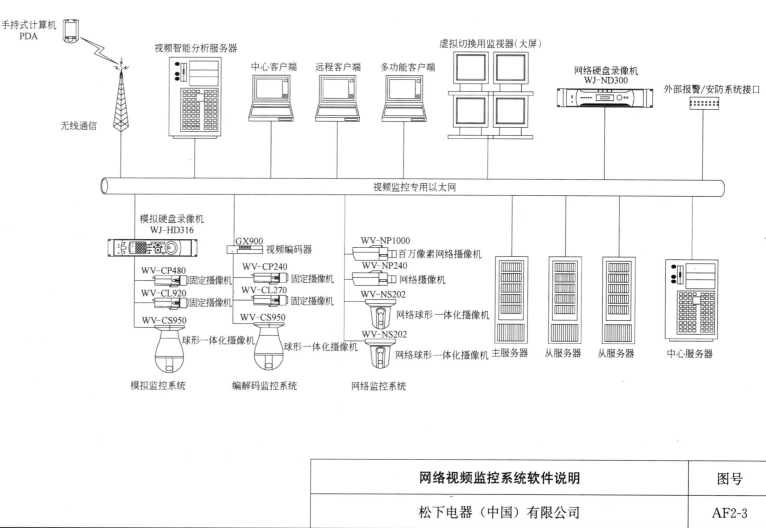

银行网络监控系统设计说明

1 项目概况

工程名称：某银行

工程规模：总行、分行共 147 个营业网点，分布在各地；每个营业网点监控系统规模大约为 30～40 台摄像机。

2 设计依据

《安全防范工程程序与要求》（GA/T 75—1994）
《安全防范工程费用概预算编制办法》（GA/T 70—1994）
《安全防范系统通用图形符号》（GA/T 74—2000）
《安全防范系统验收规则》（GA 308—2001）
《视频安防监控系统技术要求》（GA/T 367—2001）
《民用建筑闭路监视电视系统工程技术规范》（GB 50198—1994）
《民用建筑电气设计技术规程》（JGJ/T 16—1992）

3 安防监控系统设计原则

3.1 监控点摄像机设计原则

3.1.1 前端设备选用要求

1）前端设备采用彩色球形一体化隐蔽式或半隐蔽式定焦或变焦网络摄像机，摄像机图像分辨率选择大于 VGA（640×480），尽量采用隐蔽性监视。

2）摄像机采用 CCD 电荷耦合式网络摄像机，在适当区域安装带逆光补偿、自动跟踪白平衡、电子高亮度控制等的摄像机，信噪比要求≥50dB。

3）对室外进行监视的摄像机应具有彩色/黑白转换模式。

4）在银行柜台、ATM 机、自助银行、金库等处，设置高清晰网络摄像机，图像分辨率为 4VGA（1280×960），摄像机型号为 WV-NP1004，并配备 2.8～6mm 自动光圈镜头，对固定区域进行定点监控。

5）车库出入口、主要出入口等处设置枪式监控网络摄像机，图像分辨率为 VGA（640×480），型号为 WV-NP244，并配备 3.8～12mm 自动光圈镜头，对通道及走廊进行监控。

6）电梯厅、电梯轿厢内等处设置监控半球固定网络摄像机，图像分辨率为 VGA（640×480），型号为 WV-NF284，摄像机内置 2.8～10mm 自动光圈镜头，对电梯出入口进行监控。

7）大堂采用一体化网络快球，型号为 WV-NS202，摄像机内置 3.79～83.4mm 自动光圈电子变焦镜头，并内置云台，对大堂进行监控，并具备自动跟踪功能。

3.1.2 摄像机的电源，由 220V 机房不间断电源供给，在就近弱电间内设变压装置再供给摄像机。特殊地点采用以太网供电。

3.2 安防监控系统的控制方式：

1）本系统采用网络安防监控系统，并可兼容原模拟监控系统，由网络彩色摄像机、安防专用网络、网络硬盘录像机、网络监控管理软件等组成，通过以上设备可完成对现场图像信号的采集、报警控制、记录和重放等功能。

2）重要部位进行全天候 24 小时视频监控及录像，资料保存时间为 30 天。

3）具备报警联动功能，与入侵报警、灯光、出入口控制系统等联动。报警时，自动对报警现场的图像进行复核，且切换到指定的监视器上显示，并自动录像。

4）网络图像采用 MPEG4 及 JPEG 双码流传输，网络实时观看的图像采用 MPEG4 格式；网络硬盘录像机记录的图像压缩方式为 JPEG，每路图像按 11 帧/s 循环录像，录像资料在机内保存 30 天以上。

5）安防控制中心设置网络监控管理 PC，配置大屏幕监视器，可实现全屏、四画面、九画面、十六画面显示，监视器上显示的画面包含摄像编号、部位、时间、日期等信息，并通过软件或控制键盘控制带有云台和变焦镜头的摄像机，如调整云台角度控制、聚焦调节等。

3.3 系统设备技术要求

3.3.1 网络硬盘录像机技术要求

WJ-ND300，高清图像质量和高容量存储，兼容 MPEG4 和 MJPEG 格式，清晰度可调；简易 IP 设置；支持 RAID5 功能；并具备容量扩展箱，最大可实现 14TB；支持 32 个用户功能。

3.3.2 前端摄像机技术指标

1）摄像机：CCD 电荷耦合式、电源变化适应范围＞±10％、温度－10～50℃、湿度为 10％～90％、照度 1lx（彩色）0.1lx（黑白）；图像分辨率不低于 640×480；信噪比不小于 48dB。

2）镜头：定焦、广角、远焦、变焦、电动聚焦、自动光圈、一体化等各种形式的镜头依据监视要求、场景及产品确定。

3）云台：电动云台水平旋转 360 度、垂直旋转 90 度（误差不大于 0.5 度）；噪声低；转速 0.065 度/秒～300 度/秒。

4）防护罩：室内主要防尘、防潮；室外要具有全天候及防暴防护功能。

5）摄像机种类包括：电梯专用彩色半球型网络摄像机、室内/室外一体化快球网络彩色摄像机、彩色枪型网络摄像机等。

3.3.3 专业监视器

视频监控系统的基本功能及基本技术指标还应符合 GB 50198—1994《民用闭路监视电视系统工程技术规范》的要求，某些监视器为带音频的监视器。

图像质量按五级损伤制评定，图像质量不应低于 4 级。

1）选用监控用专业液晶监视器 WV-LD1500 或 WV-LD2000，成像尺寸 15″或 20″，图像分辨率 640×480，可视角度 160 度，对比度 500∶1。

2）选用等离子大屏幕监视器 TH-42PS10CK，成像尺寸 42″，图像分辨率 852×480，可视角度 170 度，对比度 3000∶1，功耗 295W。

3.3.4 管理软件：WV-ASM100，具备网络模式和本地模式功能

1）网络模式，软件支持多显卡功能，单屏幕可以显示 16 个摄像机画面，允许现场监测和重放功能同时使用；显示收藏夹功能，支持 500 种取景及摄像机安装方案；智能检索功能。

2）本地模式，多台 WJ-ND300 或 WJ-HD316 图像下载；PC 支持日程下载或手动下载。

3.4 设备安装

每个监控点设 2SC20 热镀锌钢管，暗敷在楼板或墙内。

安防控制室内的控制器、主监视屏等为台式安装，电视墙安装高度底距地 1.2m。摄像头壁装或吊架安装，车库内采用吊架安装，距地 3.2m，未注明的壁装摄像头距地 2.8m。

银行网络监控系统设计说明	图号
松下电器（中国）有限公司	AF2-4

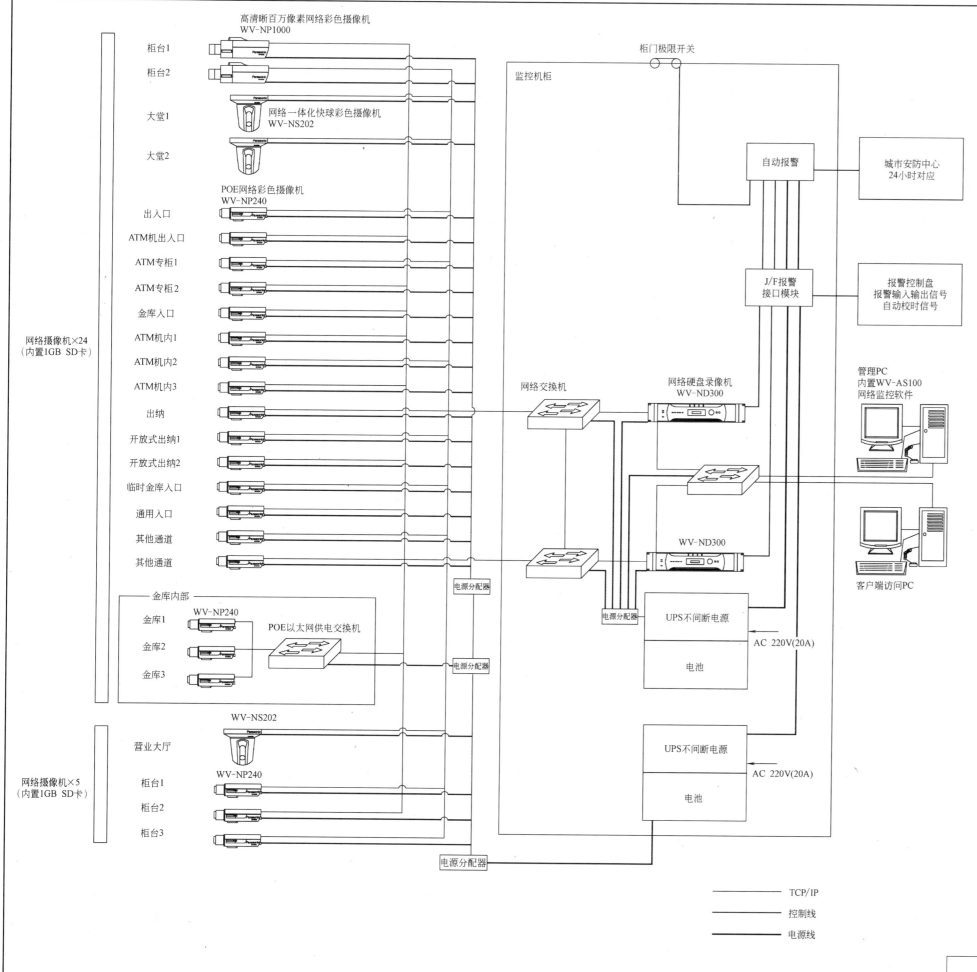

系统概述:
本系统是以大容量网络硬盘录像机 WJ-ND300 为中心的画面记录系统。根据不同需要将百万像素网络彩色摄像机 WV-NP1000、网络彩色摄像机 WV-NP240、网络一体化彩色摄像机 WV-NS202 组合使用,清晰地拍摄、记录、保存营业室、款台、出入口及 ATM 机的监控图像。在导入此系统后,所有分行的负责人可充分利用该系统,并应用定制的硬盘录像机管理软件。操作简便,实现了广域应用监控、记录画面、回放的环境。

系统特点:
1. 所有摄像机能够 24 小时不间断、清晰真实录像;
2. 在营业区及柜台等位置,配置高清晰网络摄像机 WV-NP1000,捕捉优质图像;
3. 所有摄像机的视频信号传输速度高于 10 帧/s;
4. 每路视频图像显示、录像和回放的清晰度高于 VGA(640×480);
5. 系统具有移动检测智能存储功能,以节省存储空间。

主要设备清单
银行总体(147 个营业部)

名　称	型　号	数　量
百万像素网络彩色摄像机	WV-NP1000	657
网络彩色摄像机	WV-NP240	1512
网络一体化快球彩色摄像机	WV-NS202	396
网络硬盘录像机	WJ-ND300	228
硬盘录像机管理软件	客户化定制	

单一营业部设备清单

名　称	型　号	数　量
百万像素网络彩色摄像机	WV-NP1000	5
网络彩色摄像机	WV-NP240	18
网络一体化快球彩色摄像机	WV-NS202	3
网络硬盘录像机	WJ-ND300	2
硬盘录像机管理软件	客户化定制	

银行网络摄像机视频监控系统图	图号
松下电器(中国)有限公司	AF2-5

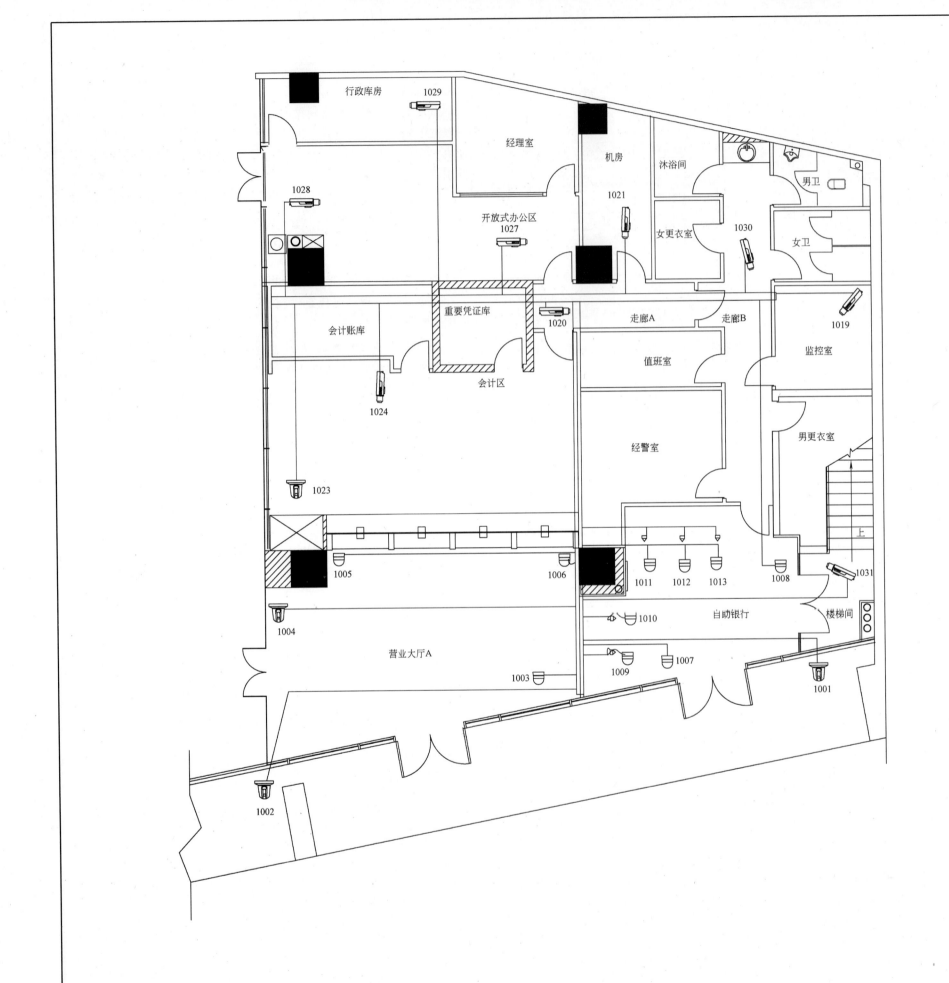

图 例	图 例 说 明
——	UTP 4×2×0.5
	室内一体化网络彩色摄像机
	自动光圈镜头百万像素网络彩色摄像机
	自动光圈镜头网络彩色摄像机
	半球形网络彩色摄像机
	针孔摄像机

银行网络监控系统平面图	图号
松下电器（中国）有限公司	AF2-6

机场模拟编解码网络监控设计说明

1 工程概况

×××机场，是地位重要、运输繁忙的大型国际航空港，航站楼是×××机场扩建工程的标志性建筑，届时往来于×××城市的航空旅客将享受到航站楼（以下简称T3航站楼）带来的全新体验。航站楼的设计总面积为42万平方米，预计××年竣工，旅客年吞吐量3100万人次，高峰小时旅客吞吐能力10780人，高峰小时飞机起降66架次；设97个停机位，其中71个近机位，26个远机位。

2 设计规范

1)《中华人民共和国民用航空行业标准——民用航空运输机场安全保卫设施建设标准》
2)《安全防范工程程度与要求》（GA/T 75—94）
3)《安全防范系统验收规则》（GA 308—2001）
4)《视频安防监控系统技术要求》（GA/T 367—2001）
5)《商用建筑物布线标准》（EIA/TIA 568A）
6)《民用建筑线缆标准》（EIA/TIA 586）
7)《民用闭路电视监视系统工程技术规范》（GB 50198—94）
8)《民用建筑通信接地标准》（EIA/TIA 607）
9)《安全防范电视监控报警系统质量与检验要求》（DB51/T 313—2000）
10)《入侵报警系统技术要求》（GA/T 368—2001）
11)《建筑智能化系统工程设计标准》（DB51/T 5019—2000）
12)《AROUP初步设计》

3 系统总设计说明

3.1 系统组成

安全防范系统由监控子系统、出入口管理子系统、对讲子系统和防范报警系统组成。监控子系统的前端视频信号和控制信号传输采用UTP作为传输介质，其余各子系统的信号传输介质由综合布线系统提供，管线路由参见综合布线系统施工图，出线位置见安防系统施工图；各子系统终端设备由所在区域的SCR间集中供电；安全防范系统主干信号线统一由综合布线提供。

3.2 系统特点

安全防范系统以监控子系统为主，结合出入口管理等子系统共同组成一套独立的安全防范网络，各个子系统信号都转换成数字信号，通过网络平台实现远程终端用户控制、联动报警、存储共享等功能。出入口管理系统在隔离区等重要通道设置读卡器，对进入控制区域的人员进行通行记录，工作人员按工作范围进行权限管理，出入口管理系统同时具备按钮求援和巡更记录功能。防范报警子系统做为安全防范系统的辅助子系统，在无人值守的重要区域，对非法闯入行为进行及时报警，由联动摄像机抓拍实时画面。

4 安装工艺要求

4.1 线缆施工要求

（1）缆线的型式，规格应与设计规定相符。
（2）缆线的两端应贴有标签，应标明编号，标签书写应清晰，端正和正确。标签应选用不易损坏的材料。
（3）从摄像机引出的电缆宜留有1m的余量，不得影响摄像机的转动。摄像机的电缆和电源线均应固定，并不得使插头承受电缆的自重。
（4）信号线与电源线应分隔布放，两种缆线间的最小净距应符合GB/T 50312—2000中表5.1.1-1。
（5）在暗管或线槽中的缆线敷设完毕后，宜在通道两端出口处用填充材料进行封堵。
（6）桥架内缆线布放应顺直，尽量不交叉，其水平敷设时，在缆线的首尾，转弯及每间隔5～10m进行固定；垂直敷设时，在缆线的上端和每间隔1.5m处应固定在桥架支架上。

4.2 其他设备安装要求

1）各出入口控制通道处摄像机为墙上安装，距地2.8m出线，APM站处的摄像机安装在墙上，距地5m；各个机房内的摄像机管线预埋墙内，距地2.8m出线。各摄像机的具体安装高度应根据现场条件做适当调整，以满足功能要求。
2）读卡器和对讲分机水平相隔至少0.3m，分别距地1.5m处安装；设备安装处管线预埋在墙内。各读卡器需从相应管理区机房引一根电源线至安装位置。各对讲分机需从相应管理区机房引一根电源线至安装位置。信号线由综合布线提供。
3）红外报警探测器安装在过道墙上，出线高度暂定3.5m。
4）机柜，机架安装完毕后，垂直偏差应不大于3mm，其机柜本身及内部各种零件不得脱落或碰坏。机柜，机架安装位置应符合设计要求。
5）先对摄像机进行初步安装，经通电试看、细调，检查各项功能，观察监视区域的覆盖范围和图像质量，符合要求后方可固定。

4.3 以上未说明的安装要求参见GB/T 50312—2000相关条款及国家相关规范执行。

4.4 管线说明

1）平面图中所有布管采用镀锌钢管，钢管在未特别说明的情况下大部分采用G20，G25两种型号；其中虚线表示电源管线。图中管道尽量以暗敷方式敷设，按照相关标准规范施工，所有管道预穿引线。
2）各设备电源线采用BV（3×1.0）线；摄像机视频信号控制线由综合布线系统提供；读卡器，对讲分机及报警探测器的信号线由综合布线系统提供。
3）所有进入SCR/DCR小间的管线集中路由引下地面，集中下线路由参见机房工程图。
4）使用原则
（1）电源线1～2根线采用G20管，3～4根线采用G25管。电源线的根数数量由该管到终端（安防系统名个设备图符）中的数量确定或见图中标注。
（2）安防系统中的各个设备的线缆由相应管理区机房引来，设备信号线管道及路由由综合布线系统提供，带云台摄像机的信号线为2根UTP，固定摄像机的信号线为1根UTP，信号线的根数由该管连接摄像机的数量确定。

5 图符说明

- 球型带云台彩色摄像机
- 球型固定彩色摄像机
- 读卡器
- 对讲分机
- 红外/微波双鉴探测器
- 电控锁
- 开门按钮
- 线路引上
- 线路由上引来
- 线路引下
- 线路由下引来
- 分线盒

机场模拟编解码网络监控设计说明	图号
松下电器（中国）有限公司	AF2-7

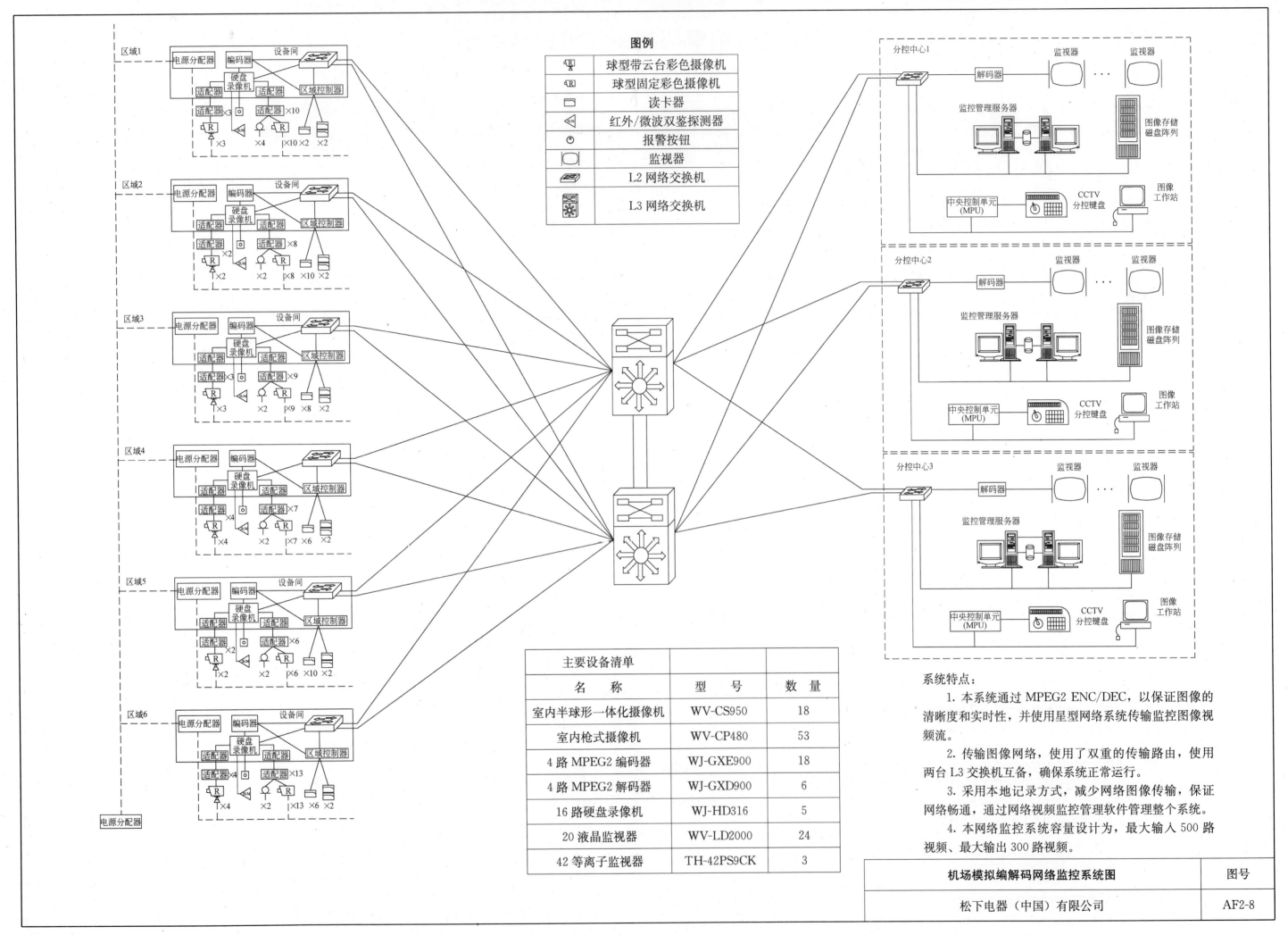

图例

符号	名称
	球型带云台彩色摄像机
	球型固定彩色摄像机
	读卡器
	红外/微波双鉴探测器
	报警按钮
	监视器
	L2 网络交换机
	L3 网络交换机

主要设备清单

名 称	型 号	数 量
室内半球形一体化摄像机	WV-CS950	18
室内枪式摄像机	WV-CP480	53
4 路 MPEG2 编码器	WJ-GXE900	18
4 路 MPEG2 解码器	WJ-GXD900	6
16 路硬盘录像机	WJ-HD316	5
20 液晶监视器	WV-LD2000	24
42 等离子监视器	TH-42PS9CK	3

系统特点:

1. 本系统通过 MPEG2 ENC/DEC,以保证图像的清晰度和实时性,并使用星型网络系统传输监控图像视频流。

2. 传输图像网络,使用了双重的传输路由,使用两台 L3 交换机互备,确保系统正常运行。

3. 采用本地记录方式,减少网络图像传输,保证网络畅通,通过网络视频监控管理软件管理整个系统。

4. 本网络监控系统容量设计为,最大输入 500 路视频、最大输出 300 路视频。

机场模拟编解码网络监控系统图	图号
松下电器(中国)有限公司	AF2-8

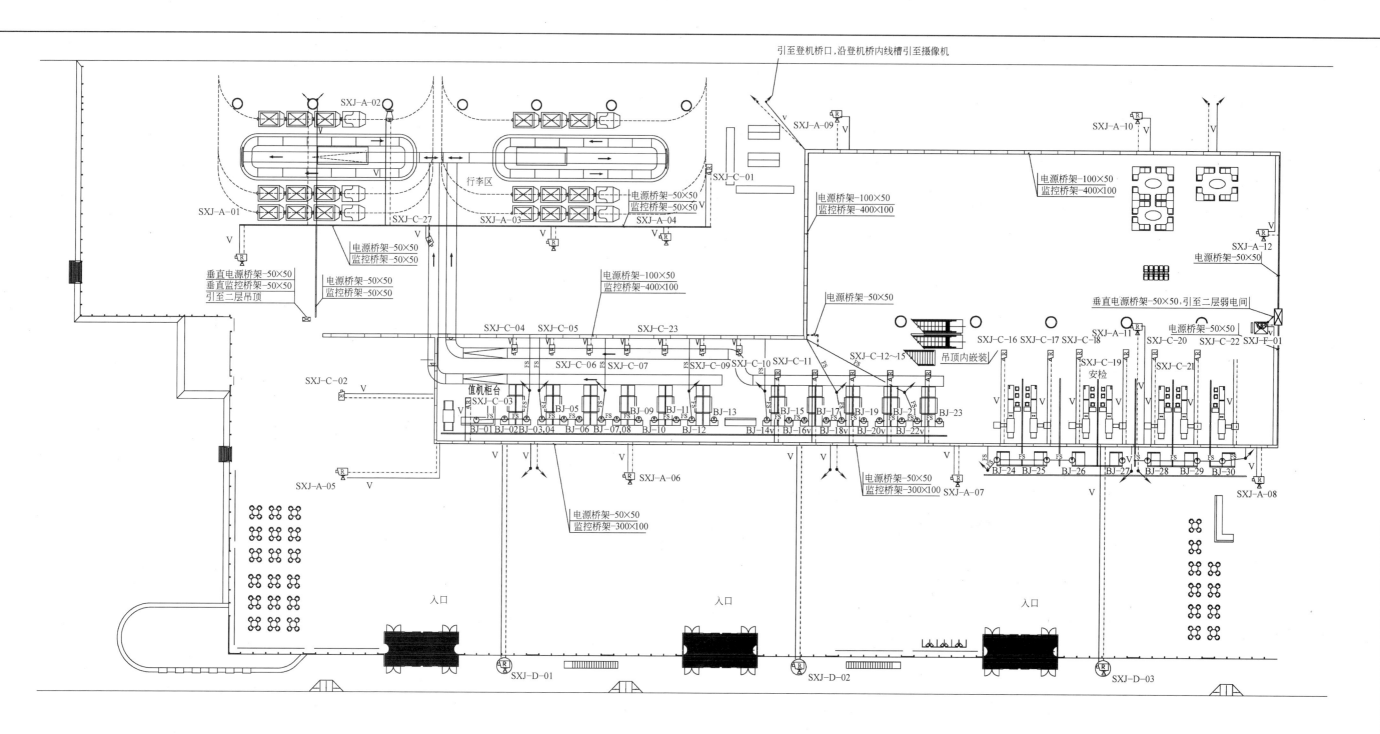

设备材料表						
序号	设备名称	型号规格	数量	单位	备注	图例
1	室内球形摄像机	1/4彩色,自带云台,解码器	19	个	挂墙,柱安装,安装高度 4.0m SXJ-A-xx	
2	半球型摄像机	1/4彩色,半球	1	个	吊顶装 SXJ-F-xx	
3	室外快球摄像机	1/3彩色,云台,解码器	5	个	挂柱安装,安装高度3.8m SXJ-D-xx	
4	室内定焦摄像机	1/3彩色,定焦,广角	27	个	壁挂安装,安装高度3.5m SXJ-C-xx	
5	紧急按钮开关		30	个	柜台内暗装 BJ-xx	
6	桥架	400×100	220	m	吊顶内敷设	——
7	桥架	300×100	250	m	吊顶内敷设	——

设备材料表						
序号	设备名称	型号规格	数量	单位	备注	图例
8	桥架	200×100	80	m	吊顶内敷设	——
9	桥架	100×50	300	m	吊顶内敷设	——
10	桥架	50×50	550	m	吊顶内敷设	——
11	紧急按钮开关信号线	RVB-2×1.5	3500	m		FS
12	视频线缆	SYKV75-5	10.5	km		V
13	电源线缆	RVB-3×1.5	3.8	km		-----
14	钢管	φ25	2500	m		

说明:

1. 本图仅示意监控系统摄像机安装位置、高度和各线缆走向。摄像机具体安装位置需与装饰专业及相关单位现场协商确定。

2. 监控和电源桥架均在吊顶内敷设,本次桥架容量预留引至已有航站楼的线缆容量。

3. 引至摄像机的视频和电源线缆分别套钢管在吊顶内敷设,当有控制线缆时可与视频线缆同穿一根钢管。

机场编解码监控系统图及平面图	图号
松下电器（中国）有限公司	AF2-9

地铁网络监控系统设计说明

1 项目概况

工程名称：某城市地铁×号线

工程规模：地铁×号线共 n 个站，始发站×××，终点站×××，车辆段 1 座，位于×××，停车场 1 处。

2 设计依据

《安全防范工程程序与要求》（GA/T 75—1994）

《安全防范工程费用概预算编制办法》（GA/T 70—1994）

《安全防范系统通用图形符号》（GA/T 74—2000）

《安全防范系统验收规则》（GA/308—2001）

《视频安防监控系统技术要求》（GA/T 367—2001）

《民用建筑闭路监视电视系统工程技术规范》（GB 50198—1994）

《民用建筑电气设计技术规程》（JGJ/T 16—1992）

《地下铁道设计规范》（GB 50157—2003）

《地下铁道工程施工及验收规范》（局部修订）

《铁路车站及枢纽设计规范》（GB 50091—99）

《铁路旅客车站建筑设计规范》（GB 50226—95）

《地铁杂散电流腐蚀防护技术规程》（CJJ 49—92）

3 安防监控系统设计原则

3.1 监控点设置摄像机设计原则

3.1.1 前端设备选用要求

1）前端设备采用网络摄像机

2）网络彩色快球摄像机，型号为 WV-NS202，图像分辨率 640×480，内置 3.79～83.4mm 自动光圈镜头，并内置云台，安装在设备机房及站厅位置，对大型区域进行监控。

3）网络半球形隐蔽式彩色摄像机，型号为 WV-NF284，图像分辨率 640×480，内置 2.8～10mm 自动光圈镜头，安装在屏蔽门上方，对站台候车状况进行监控。

4）枪式彩色摄像机，型号为 WV-NP244，配备 5～50mm 自动光圈镜头，安装在站台上方，对站台整体进行监控。

5）摄像机采用网络摄像机，CCD 电荷耦合式拾取装置，MPEG4 和 JPEG 双重输出功能，SD 卡自动备份功能，支持 TCP/IP、UDP/IP、HTTP、FTP、SMTP、DHCP、DNS、DDNS、NTP、SNMP 等网络协议；具备以太网供电，电子快门，白平衡，电子变焦，移动侦测等功能。

3.1.2 摄像机的电源，由机房不间断电源 220V 供给，在就近弱电间内设变压装置再供给摄像机。特殊地点采用以太网供电。

3.2 安防监控系统的控制方式

1）本系统采用网络安防监控系统，并可兼容原模拟监控系统，由网络彩色摄像机、安防专用网络，网络硬盘录像机，网络监控管理软件等组成，通过以上设备可完成对现场图像信号的采集、报警控制，记录和重放等功能。

2）重要部位进行全天候 24 小时视频监控及录像，资料保存时间为 30 天。

3）具备报警联动功能，与入侵报警、灯光，出入口控制系统等联动。报警时，自动对报警现场的图像进行复核，且切换到指定的监视器上显示，并自动录像。

4）网络图像采用 MPEG4 及 JPEG 双码流传输，网络实时观看的图像采用 MPEG4 格式；网络硬盘录像机记录的图像压缩方式为 JPEG，每路图像按 11 帧/秒循环录像，录像资料在机内保存 30 天以上。

5）安防控制中心设置网络监控管理 PC，配置大屏幕监视器，可实现全屏、四画面、九画面，十六画面显示，监视器上显示的画面包含摄像编号、部位、时间、日期等信息，并通过软件或控制键盘控制带有云台和变焦镜头的摄像机，如调整云台角度控制、聚焦调节等。

3.3 系统设备技术要求

3.3.1 网络硬盘录像机技术要求

WJ-ND300，高清图像质量和高容量存储，兼容 MPEG4 和 MJPEG 格式，清晰度可调；简易 IP 设置；支持 RAID5 功能；并具备容量扩展箱，最大可实现 14TB；支持 32 个用户功能。

3.3.2 前端摄像机技术指标

1）摄像机：CCD 电荷耦合式、MPEG4 和 JPEG 双重输出功能，湿度为 10％～90％、照度 1lx（彩色）0.1lx（黑白）；图像分辨率 VGA（640×480）；以太网供电功能，SD 卡备份录像，1 路音频输入。

2）镜头：定焦、广角、远焦、变焦、电动聚焦、自动光圈、一体化等各种形式的镜头依据监视要求、场景及产品确定。

3）云台：电动云台水平旋转 360 度、垂直旋转 90 度（误差不大于 0.5 度）；噪声低；转速 1 度/秒～300 度/秒。

4）防护罩：室内主要防尘、防潮；室外要具有全天候及防暴防护功能。

5）摄像机种类包括：电梯专用彩色半球型摄像机、室内/室外一体化快球彩色摄像机、彩色枪型摄像机等。

3.3.3 专业监视器

视频监控系统的基本功能及基本技术指标还应符合 GB 50198—1994《民用闭路监视电视系统工程技术规范》的要求，某些监视器为带音频的监视器。

图像质量按五级损伤制评定，图像质量不应低于 4 级。

1）选用监控用专业液晶监视器 WV-LD1500 或 WV-LD2000，成像尺寸 15″或 20″，图像分辨率 640×480，可视角度 160 度，对比度 500：1。

2）选用等离子大屏幕监视器 TH-42PS10CK，成像尺寸 42″，图像分辨率 852×480，可视角度 170 度，对比度 3000：1，功耗 295W。

3.3.4 管理软件：WV-AS100，具备网络模式和本地模式功能

1）网络模式，软件支持多显卡功能，单屏幕可以显示 16 个摄像机画面，允许现场监测和重放功能同时使用；显示收藏夹功能，支持 500 种取景和摄像机安装方案；智能检索功能。

2）本地模式，多台 WJ-ND300 或 WJ-HD316 图像下载；PC 支持日程下载或手动下载。

3.4 设备安装

每个监控点设 2SC20 热镀锌钢管，暗敷在楼板或墙内，接入楼层交换机。

安防控制室内的控制器、主监视屏等台式安装，电视墙安装高度底距地 1.2m。半球摄像机屏蔽门嵌入安装，机房用快球摄像机吸顶安装，站厅内快球摄像机悬挂安装，枪式摄像机壁装或吊架安装，车库内采用吊架安装，距地 3.2m，未注明的壁装摄像头距地 2.8m。

地铁网络监控系统设计说明	图号
松下电器（中国）有限公司	AF2-10

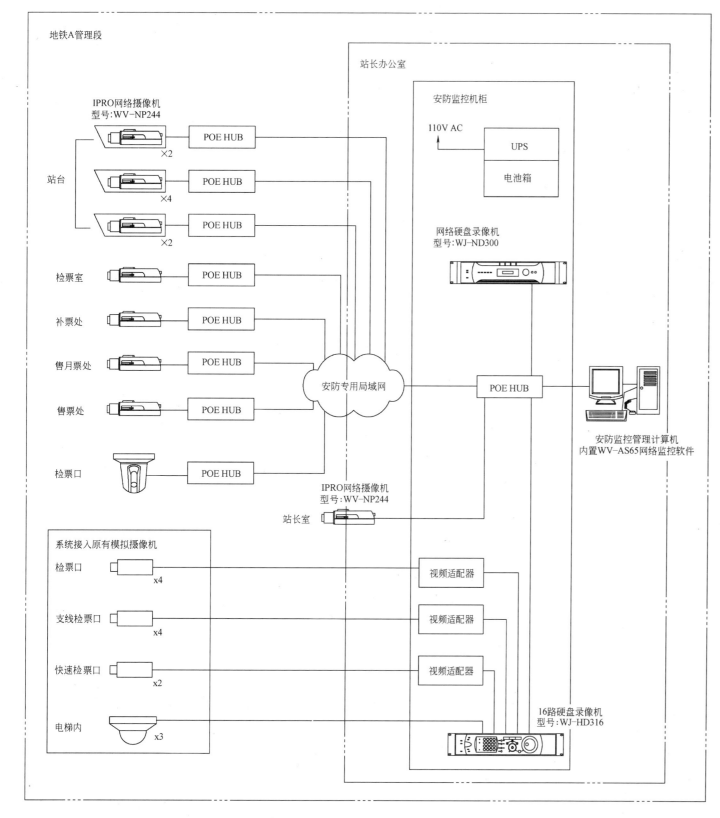

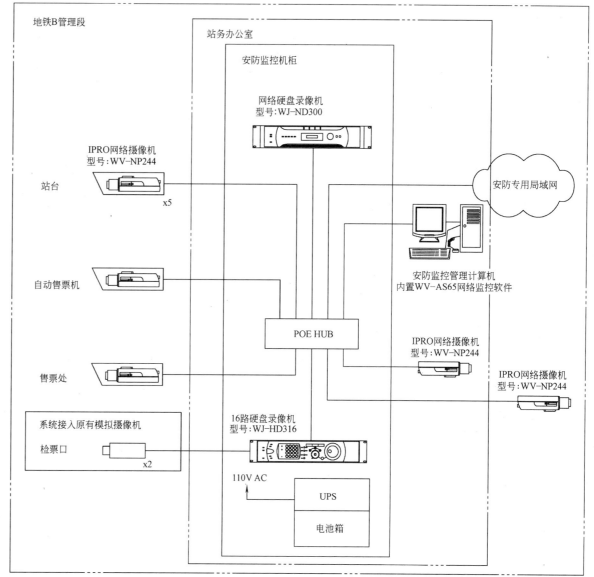

系统主要设备清单

设备名称	型 号	数量
网络彩色摄像机	WV-NP244	19
网络彩色一体化摄像机	WV-NS202	1
网络硬盘录像机	WJ-ND300	2
16 路硬盘录像机	WJ-HD316	2
硬盘录像机管理软件	WV-AS65	1

地铁网络监控系统图	图号
松下电器（中国）有限公司	AF2-11

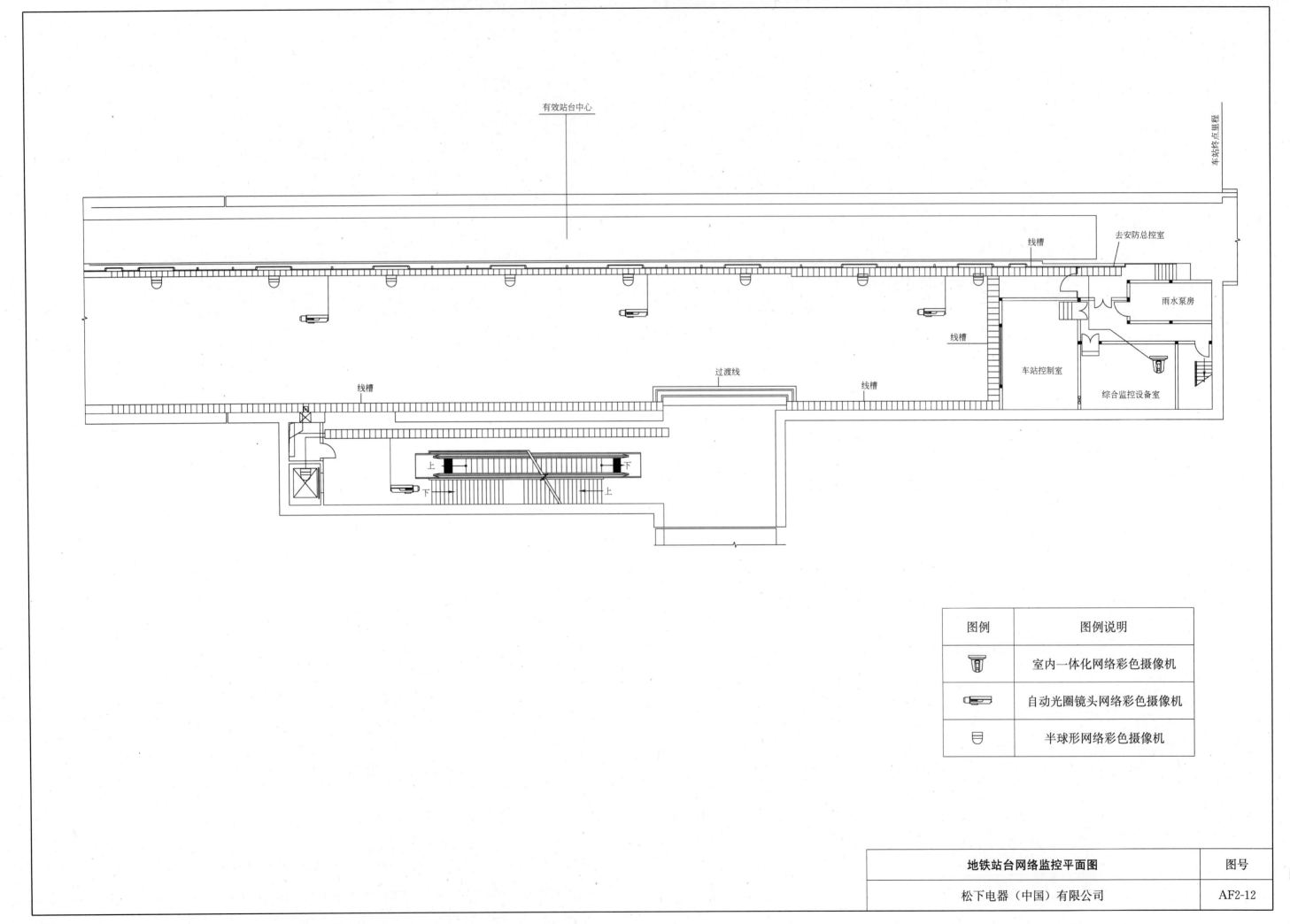

图例	图例说明
	室内一体化网络彩色摄像机
	自动光圈镜头网络彩色摄像机
	半球形网络彩色摄像机

地铁站台网络监控平面图	图号
松下电器（中国）有限公司	AF2-12

GE Security
网络监控系统概述——VisioWave 网络监控系统（一）

概述：

当前对于人身和财产保护的需求不断增长，而视频监控系统强大的威慑效果正好符合了这个需求，因此全球的各种组织和企业开始加大对新一代视频监控系统的投资。人们对于这类系统的需求是如此迫切，它已经不再限于一些传统的高安全度领域的预警监控。

为了让视频监控更有"战斗力"，同时也必须应对不断增加的摄像机的数量，构建智能化、自动化的监控系统变得尤为关键。这样的系统可以让监控人员和管理人员从繁重的机械式工作中解脱出来，让他们可以集中精力从事一些关键工作和紧急情况的处理。

当前计算机网络的广泛存在，保证了在合理的预算内能够得到足够的带宽和质量，同时数字视频网络技术也相继涌现。对用户来讲，可以把视频监控系统提升到一个更加有效、灵活、高扩展性的水平。相对于现存传统的模拟系统而言，这些完整系统集成方案提供了更加快捷的投资回报。

采用新技术可以降低系统建设成本，增加系统的操作效率以及利于系统维护和升级。

目前，网络监控系统从结构上可以划分为纯 IP 摄像机与模拟摄像机加编解码器方式，GE Security 的网络监控产品包括以上两类产品。目前从技术角度来讲，网络监控系统以编解码器加摄像机方式为主。以下重点介绍 GE VisioWave 系列网络监控系统。

VisioWave 网络监控产品，是结合安防监控的实际要求以及多年来不断完善的安防理论和经验，运用最新的数字视频技术，网络通信技术建立的完整的、专业的网络监控系统。

- 采用 VisioWave 3D 小波压缩技术，提供专业级的视频质量，此平台更可兼容以后更加先进的压缩标准
- 可以运行在任何类型的网络结构上（IP、ATM、xDSL、Wireless……）
- 集成音频管理，有能力实现与摄像机——对应的音频管理及自动语音广播
- 模块化，方便扩展
- 智能的本地或远程存储能力
- 支持图像保护和身份验证
- 基于图像处理和时间管理自动化视频监控
- 集中配置和管理
- 软件开发包方便用户定制和集成
- 为第三方图像处理的应用提供开放的体系结构

1 VisioWave 网络监控系统优势

1.1 系统具有良好扩展性

系统可以轻易的实现新摄像机的接入和分控中心的扩展。只要在有网络存在的地方，即可实现摄像机的接入，同样分控中心也可以在任何有网络接入的地方建立，不管是增加摇杆控制键盘，还是监视器，都可以方便接入。系统甚至可以在连接在网络上的任意 PC 机上实现对视频监控系统图像的调看、切换、查询、回放等功能。

1.2 系统覆盖区域广

网络系统已经遍布在建筑的每个角落，新增摄像机只需进行简单的布线，即可实现系统的接入。

1.3 系统易于操作

网络数字视频监控系统采用灵活的 GUI 界面，与 Windows 界面相似，对计算机系统熟悉的人即可轻易对系统进行操作。

1.4 更加智能化的系统

具有很强的智能化视频处理能力，能替代部分报警探测器的功能。视频信号数字化带来的一个很重要的技术应用就是视频信号的智能化分析，可以在摄像机及系统的安全检测、稳定性和故障检测中起到很重要的作用。

2 VisioWave 网络监控系统可以做为整个安防集成平台

作为一个综合管理视频监控的安防集成平台，VisioWave 网络监控系统具备以下的特点：

1）集成性：这里所指的集成性不是简单将不同子系统放在一个统一界面下操作管理，更重要的是应该将各子系统的业务功能融合起来产生新的跨子系统功能，集成系统之所以强大正是源于此；

2）开放性：这个平台要能很好地兼容不同的异构子系统，不同的厂商、不同的技术、不同的产品都要能纳入到这个平台上来运行；

3）独立性：尽管我们努力把门禁控制、防范报警和视频监控等子系统整合在一起，但是同时也应该保持各

子系统的独立运行能力。每一个子系统对于安防都起到很重要的作用，因此即使某个子系统或者集成平台发生故障的时候，也不能影响其他子系统自身的正常运转；

4）一致性：集成平台和各子系统在管理信息上必须保持高度一致，比如用户管理、权限管理、设备配置等，否则一定会出现混乱。

5）可扩展性：安防需求快速增长，尤其是对融合后的跨子系统功能来说更是如此，因此集成平台在提供基础功能的同时提供强大的二次开发能力是必不可少的；

6）兼容性：整个安防监控系统要与已有的安防监控系统实现平滑的整合，使整个的监控系统形成一个完整的监控管理。

3 VisioWave 系统产品特点

1）优秀的图像质量：GE VisioWave 所开发的高性能 DSP 和在国际标准上研发的高性能的压缩算法具备高清晰度，高灵敏度，实时视频的特点，确保识别的精确性，真实再现模拟视频，是视频监控所不可缺少的技术。

2）高效：GE VisioWave 数字视频监控系统的历史可以追溯到 1990 年，该系统充分发挥了 GE VisioWave 视频编码及视频处理技术的专长，高效的视频编解码、传输及处理。

3）可靠性：编解码器内部存储器和中心存储使视频丢失的风险降为最低。另外，作为整体监控系统供应商，GE VisioWave 竭尽全力使整个系统的性能与单个设备的可靠性全部令人满意。即便在最差的外界条件下，也可以提供全天候的稳定、可靠的监控系统。

4）易于维护：使用网络可以进行远程状态监控和远程软件升级。

4 VisioWave 系统解决方案指南

4.1 针对高端安防监控的高效视频压缩技术 VisioWave3D 小波技术

在专业级的视频监控上，对于视频的压缩和传输是有着极其严格的要求和限制的。

通常来讲，一个监控系统会为摄像机提供大量的编码器，而解码器相对较少，和监视设备数目基本相同。在有大量的输出监视的时候，以及在偶尔存在的低带宽网络连接情况下也要保证实时性，因此视频流所占用的网络带宽是要被控制的。关键问题是，输出到监视器上视频流必须能够根据不同的监视设备显示不同分辨率，并可以快速地进行视频图像的切换。

VisioWave 3D 小波压缩技术完全满足了这些市场的需求，提供了极大的可扩展性，以及无可比拟的优势和性能。

- 专业的视频质量
- 可伸缩性
- 实时处理和传输
- 极低的带宽需求
- 没有伪像，没有马赛克
- 软件解压时只有很低的 CPU 占用率
- 可同时软解压多个视频窗口
- 简化了图像的处理

4.2 通过充分利用计算机网络，提供了高水准的服务质量和安防管理功能，同时大大节省了费用

当今的计算机网络可以在任意两点间传输视频监控信号，不会有任何的质量下降或数据丢失的危险。

VisioWave 利用其在网络技术支持方面强大研发力量，生产出符合新一代网络服务标准的数字视频产品。它可以更好地在特殊网络环境下工作，在优先保证某个应用的同时不会影响其他视频流。

- 恒定品质的视频流
- 保证流量的同时只使用最小的带宽需求
- ATM QoS 服务支持（UBR. CBR. VBR-nrt）
- 支持 ATM 组播
- 符合以太网服务 802.1p/Q
- RSVP
- DiffServ
- IP 组播
- IPSEC 网络安全

网络监控系统概述——VisioWave 网络监控系统（一）	图号
GE Security	AF3-1

4.3　针对有效和预警式的安防应用，提供图像分析、智能报警管理

从预防性和有效性的角度考虑，视频监控系统必须和整体安防系统的其他部分联动，比如：出入控制，入侵检测，火、烟、水的检测，可疑行为以及其他各种侦动。

数字视频监控可以真正的集成安防管理关键部分，例如视频监控中的图像处理。这样就形成一个高性能和更有效的集中管理系统，保证最佳的安全策略。这样的系统可以为监控室的工作人员节省时间，使他们专心于处理危急的任务。举个例子，在监控室，VisioWave 系统可以和某个运动检测器连接起来，自动的切换视频，并在监视器上显示，这就带来了高效率，同时节省了成本。

4.4　统一的报警和事件管理
- 所有设备上都有独立的 I/O
- 支持外部传感器的连接
- 为事件触发提供输出
- 集中的事件和报警管理
- 有报警触发的存储功能
- 前置/后置报警存储装置
- 报警触发的摄像机 PTZ 操作
- 报警触发的监视器显示

4.5　图像处理应用
- 运动物体检测
- 多区域检测
- 任一形状的检测
- 可配置的动态感知参数
- 采用统计变化检测（SCD）技术，实现了低能耗
- 对摄像机杂波的低敏感特性
- 插件方式的软件体系结构，提供最大的可伸缩性
- 把事前的前端管理和集中处理结合在了一起

4.6　集中配置和管理
- 大型专业视频监控系统必不可少的功能
- 集中配置、设定及调整数字视频设备和软件功能
- 采用高水准图形界面，对视频切换、视频编解码、报警和事件管理、存储参数等进行设置
- 所有参数都可以通过人机界面在网络上修改
- 所有和监控系统配置相关的信息被存储在中央配置服务器中，提供容错服务，方便维护和技术支持
- 分析和诊断
- 失效处理
- SNMP 管理

4.7　开放的软件平台
- 方便和第三方产品（如图像处理插件）定制和集成
- 可定制的用户图形界面，使得安防系统具有更快的反应能力和更加有效的管理手段
- 利用 VisioWave 安防软件开发包中的 ActiveX Apls，可以访问视频操作系统中的任何功能

5　VisioWave 系统结构

如下图所示，通过 GE VisioWave 系统可以连接数量没有限制的摄像机及监视器。该系统的应用覆盖了保安监控，公共广播及多媒体信息显示。在当今多业务网络逐渐普及的情况下多种应用共用一个网络显得尤为重要，这也是 GE VisioWave 系统的优势所在。

下面是根据图纸对系统结构详细的描述：

5.1　保安监控系统

系统采用集中配置，分散控制分散存储，将单点故障对整个系统的影响降至最低。完全符合保安监控系统高可靠性的需求。

图的左边，核心为高端口密度编解码器，在实际应用中可以选择不同端口密度的设备，GE VisioWave 同时提供高端口密度及低端口密度的编解码器。每个视频端口均可按照应用需求设置为编码特性或解码特性。保安监控系统应用中将摄像机为接入，此时视频端口为编码特性。前端编码设备具备内部存储及外挂大容量阵列存储，将数字视频流丢失的风险降到最低。同时图像不需要全部传输到中心进行记录，降低了骨干网络带宽的占用。同时前端编码器中具有视频分析功能，采用先进的 PDK 结构，可以集成第三方图像处理插件，完成各种针对不同场合的视频分析应用。编解码器上同时具备干结点及模拟量的输入输出，可以连接报警探测器等设备。

在中心系统配置集中式存储，可以支持目前主流的 DAS、NAS、SAN 等存储技术。集中配置及管理服务器可以脱机工作，系统控制及认证管理均下发至各设备，避免了因服务器故障引起的系统瘫痪。中心配置监控工作站，通过良好的 GUI 使操作人员对系统具有良好的操控性能，系统支持传统矢量控制操作键盘的接入，保证系统对前端摄像机良好的操作性能。配置软件解码单元，可以将众多图像同时显示至数字视频墙，通过与 GIS 等其他系统结合，同时在数字视频墙上提供多种信息的显示。通过硬件解码将高质量的实时图像显示在模拟的监视器上。

其他的应用，包括系统支持 IP 摄像机的接入，将纯 IP 摄像机系统与编码器系统完全集成。支持 PDA 图像显示，方便移动人员对系统图像的调用。支持车载视频系统，可以在车辆运行的过程中提供高质量的图像，车载视频监控还可用于移动摄像机机位的快速部署。

5.2　公共广播系统

系统采用 MP3 高质量的音频压缩方式，可以提供背景音乐、业务广播。

对于公共广播系统应用，设备提供音频输入及音频输出，可以通过本地的麦克风做本地或者跨区域的公共广播，也可在控制室中通过麦克风进行广播，可以在控制计算机上进行其他系统联动广播、自动广播，可以将计算机中码流小于 320kbps 的音乐直接拖到到系统中进行播放。

5.3　多媒体信息显示系统

多媒体系统显示的应用中，在中心生成的多媒体信息节目源通过网络发送到编解码器，通过该设备的解码端口将多媒体信息显示到前端显示设备上。

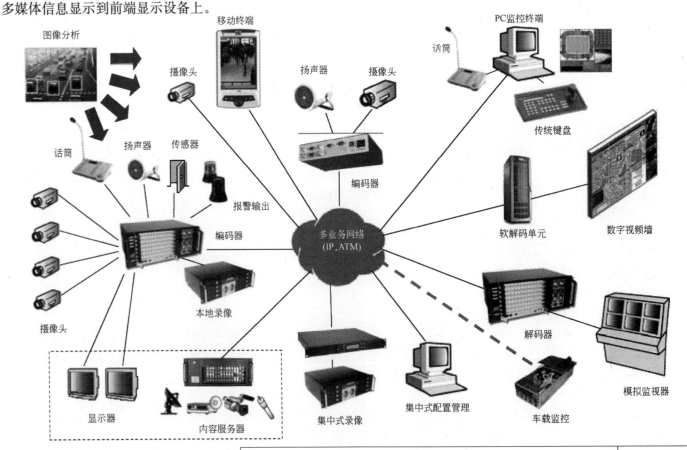

网络监控系统概述——VisioWave 网络监控系统（二）	图号
GE Security	AF3-2

设 计 说 明

1 概述

本工程建筑面积 10400m²，结构形式为框架结构。地下二层为汽车库，地下一层为机房层，其他地上各层主要为办公室、会议室等。监控系统采用 GE 公司 VisioWave 网络监控系统。

2 设计依据

《智能建筑设计标准》（GB/T 50314—2000）

《智能建筑工程质量验收规范》（GB 50339—2003）

《建筑与建筑群综合布线系统工程设计规范》（GB/T 50311—2000）

《安全防范工程技术规范》（GB 50348—2004）

《建筑与建筑群综合布线系统工程验收规范》（GB/T 50312—2000）

《低压配电设计规范》（GB 50054—95）

《电子计算机机房设计规范》（GB 0174—1993）

《计算机场地技术要求》（GB 2887—2000）

《计算机场地安全要求》（GB 9361—88）

《计算机软件开发规范》（GB 8566—97）

3 本次设计图纸包括

1）设计说明；

2）网络监控系统图；

3）平面图。

4 系统概述

GE 公司提供的 VisioWave 网络监控解决方案、安全与综合控制集成管理系统，以闭路电视监控为基础，通过采用当今先进的网络技术、计算机技术，将报警系统、闭路监控、门禁系统、空调控制、风机控制、灯光控制、电梯控制等各个子系统相结合，实现联动和集成，充分发挥设备的功能，提高安防系统的使用效率。

该系统在实用性、可靠性、先进性、可持续发展性、经济性、开放性等方面都有着独特的设计理念。

5 安全防范系统设计说明

1）本工程安防中心设置在办公楼一层，负责本工程公共区域安全防范，本图仅介绍视频安防监控系统，系统前端各类摄像机 129 台。

2）考虑到本工程安防系统集成及扩展需要，同类监控设备应选用统一品牌，且主控设备支持计算机网络协议，以方便与其他系统实现集成。

3）监控中心采用多路视频解码器，由视频服务器编码的所有视频信号通过网络进入多路视频解码器。

4）监视器的图像质量按五级损伤制评定，图像质量不应低于 4 级，监视器图像画面的灰度不应低于 8 级。监视器配置为：采用 4×3 布置，12 台专业 21 英寸彩色监视器，图像水平清晰度不低于 500 线。

5）所有摄像点能同时录像，录像选用磁盘阵列柜，内置高速硬盘，容量不低于动态录像储存一个月的空间，并可随时提供调阅及快速检索，图像应包含摄像机机位、日期、时间。

图像分辨率为：显示画面解析度不低于 768×576；录像画面解析度不低于 384×288。

6）系统各路视频信号，在监视器输入端的电平值应为 1Vp-p±3dB VBS。系统各部分信噪比指标应符合：摄像部分不低于 48dB；传输部分不低于 50dB；显示部分不低于 45dB。

7）摄像机分区域设置①地下部分②室内地上部分③屋顶机房部分④室外部分。

8）自配线间的视频服务器，引出相应数量的视频线、控制线等，敷设于金属线槽后再均穿钢管至前端各摄像机及红外微波探测器，快球摄像机还需敷设 4×0.75RVVP 控制线。

9）安装于室外的彩色快球摄像机，均为从相应金属线槽引出穿钢管，绕开窗户后出墙体再穿金属软管，金属软管暗敷设于柱表面的粉刷层或墙内。安装方式采用墙角或墙壁安装架固定，安装高度一般为距离地面 4m。

10）室内彩色快球摄像机，其线缆穿金属线槽引出穿钢管，沿吊顶内水平敷设至监控点位。

11）各公共出入口处的摄像机，其线路均为从相应金属线槽引出穿钢管敷设，吸顶安装。有吊顶的区域要用室内彩色半球摄像机，红外微波探测器安装高度根据吊顶的实际情况而定。

12）本系统前端设备（包括摄像机）由控制中心统一供电，除二路市电外还需配置 UPS 做为第三路电源。视频线、控制线共用同一金属线槽，电源线单独穿钢管敷设。且全部采用阻燃线缆。

设计说明	图号
GE Security	AF3-3

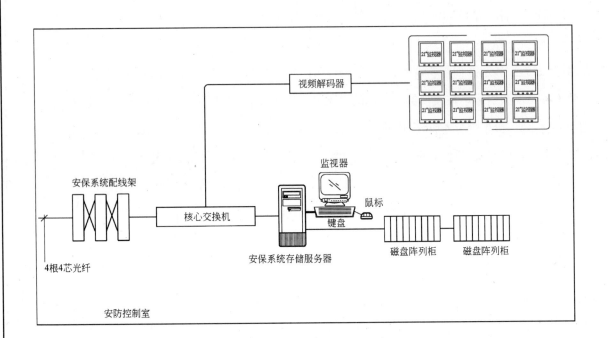

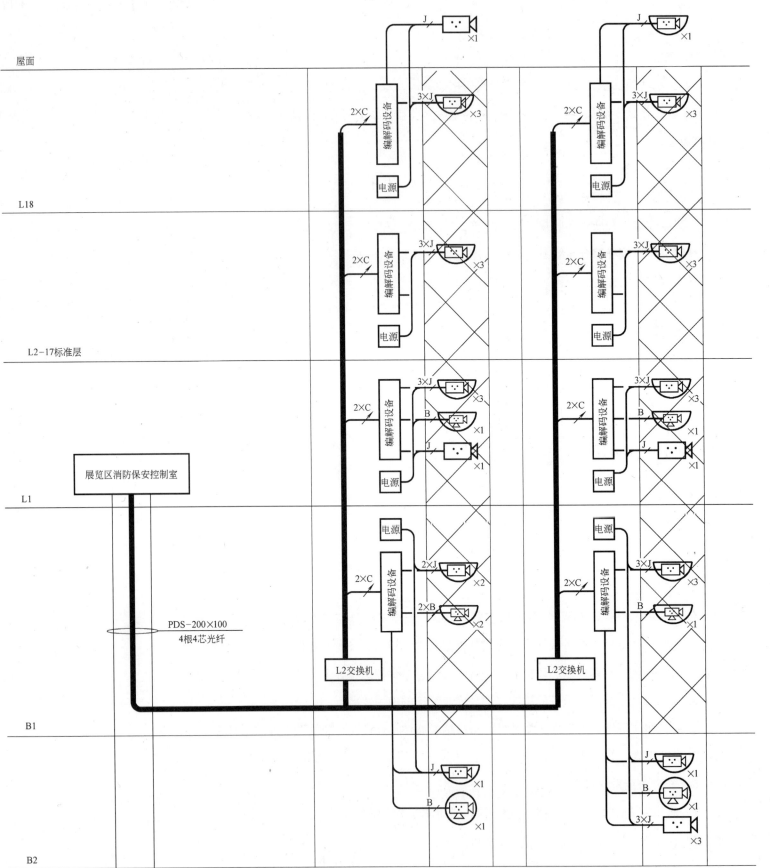

名称	线缆型号说明：
J	SYKV-75-5
B	SYKV-75-5＋RWP2×1.0
C	CAT5E

网络监控系统图	图号
GE Security	AF3-4

设备材料表

序号	名　　称	型号及规格	单位	数量	备注
1	彩色半球 PTZ 摄像机		套	5	
2	彩色半球固定摄像机		套	117	
3	彩色全球 PTZ 摄像机		套	1	
4	箱形固定摄像机		套	6	
5	编码设备		套	8	
6	视频解码器		套	1	
7	安保系统存储服务器		套	1	
8	管理服务器		台	1	
9	主控键盘		台	1	
10	L2 交换机		台	2	
11	核心交换机		台	1	
12	磁盘阵列柜		台	2	
13	21″彩色监视器		台	12	
14	电视墙及控制台等		套	1	
15	监控管理工作站		台	1	
16	配件		批	1	含过线盒等
17	安防控制软件	网络版	套	1	

图例

图例	名　　称	安装方式
	彩色半球 PTZ 摄像机	吊顶嵌入式安装
	彩色半球固定摄像机	吊顶嵌入式安装
	彩色全球 PTZ 摄像机	壁挂式安装
	箱形固定摄像机	壁挂式安装
21″监视器	监视器	控制室内机架安装

说明：1. 网络交换设备安装于网络交换机间的机柜内。

2. 系统线缆由桥架引出后穿 SC20 的镀锌电线管引致相应的安装位置。

设备材料表及图例	图号
GE Security	AF3-5

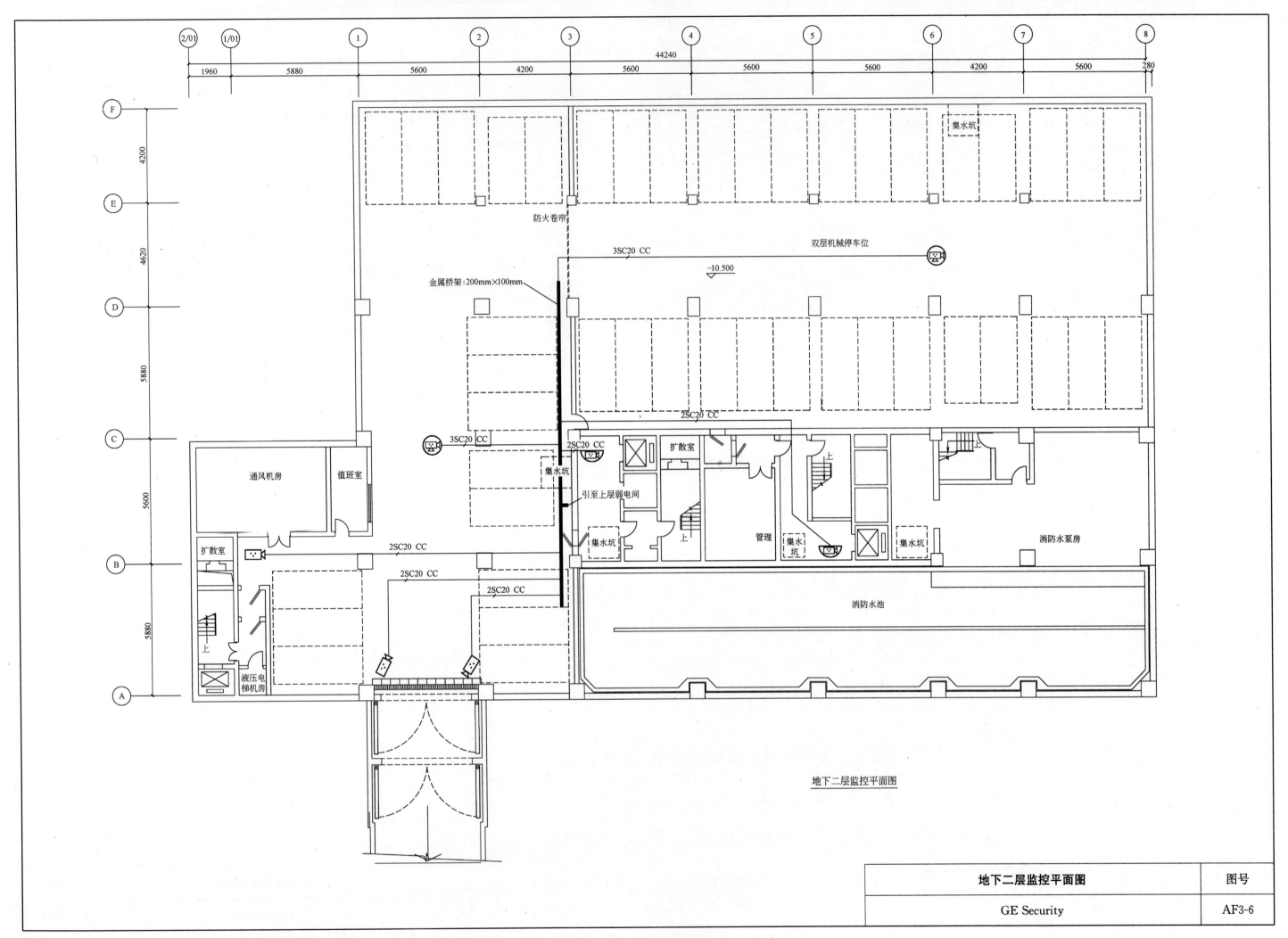

地下二层监控平面图

地下二层监控平面图	图号
GE Security	AF3-6

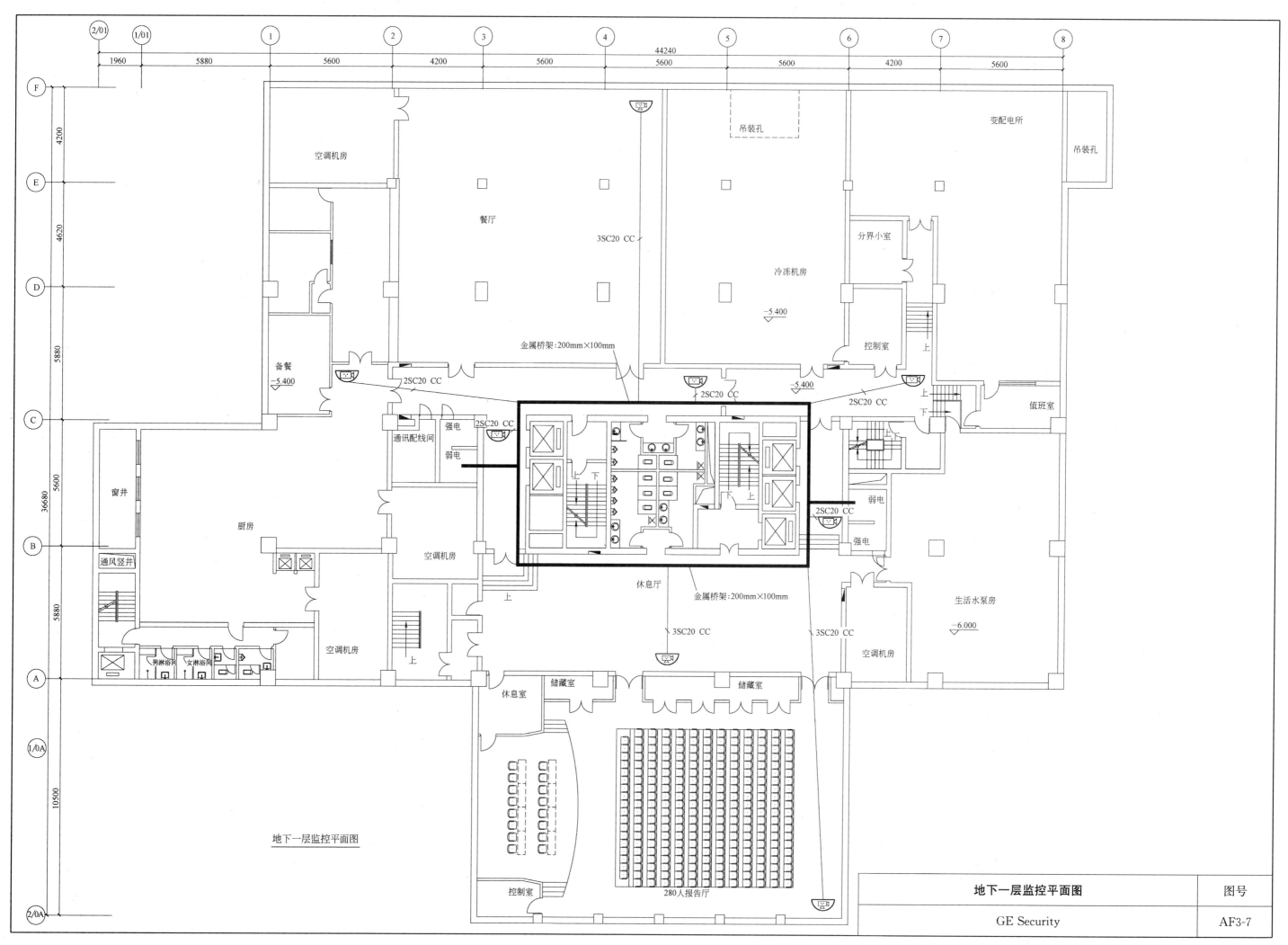

地下一层监控平面图

地下一层监控平面图	图号
GE Security	AF3-7

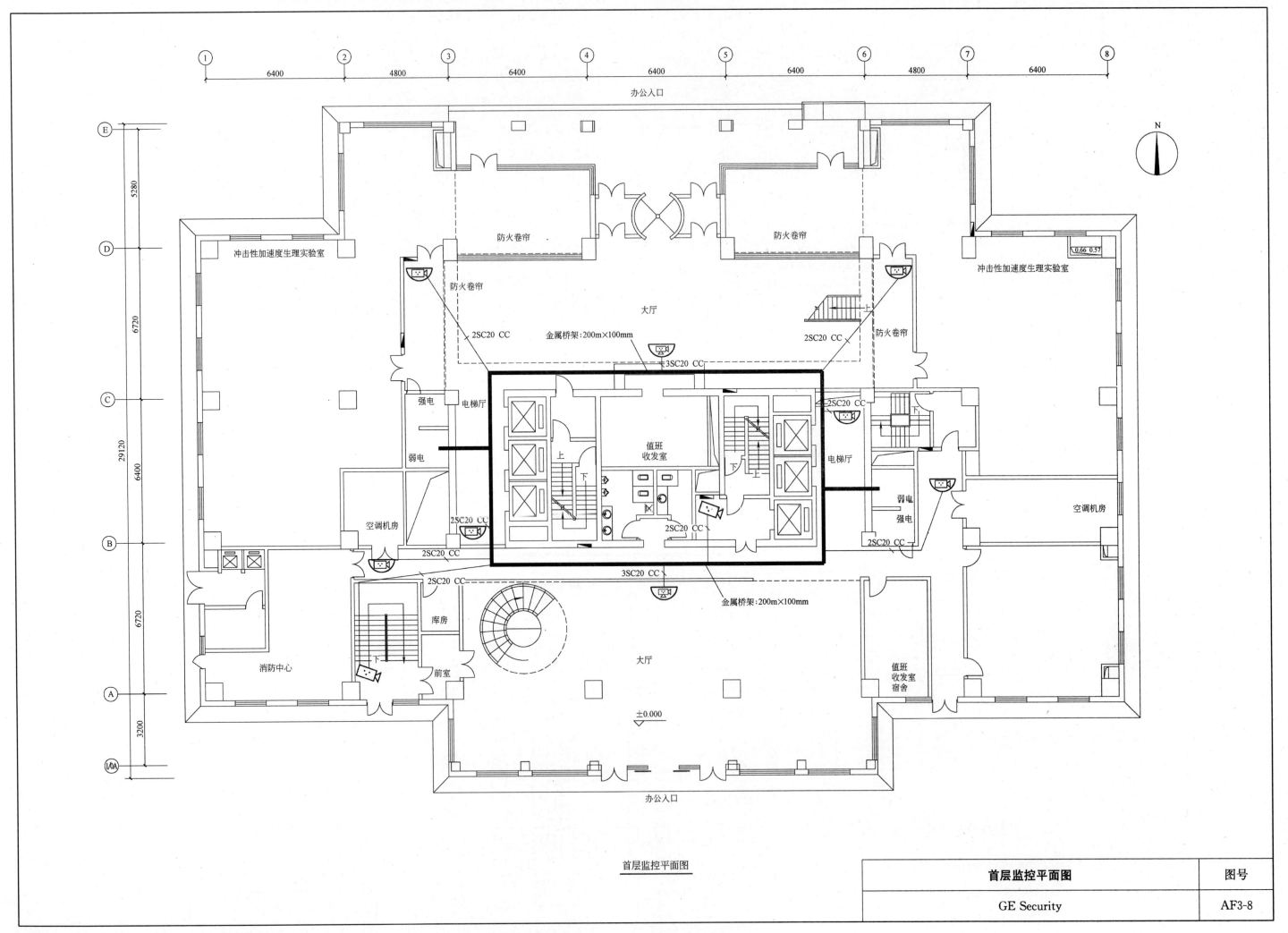

首层监控平面图

首层监控平面图	图号
GE Security	AF3-8

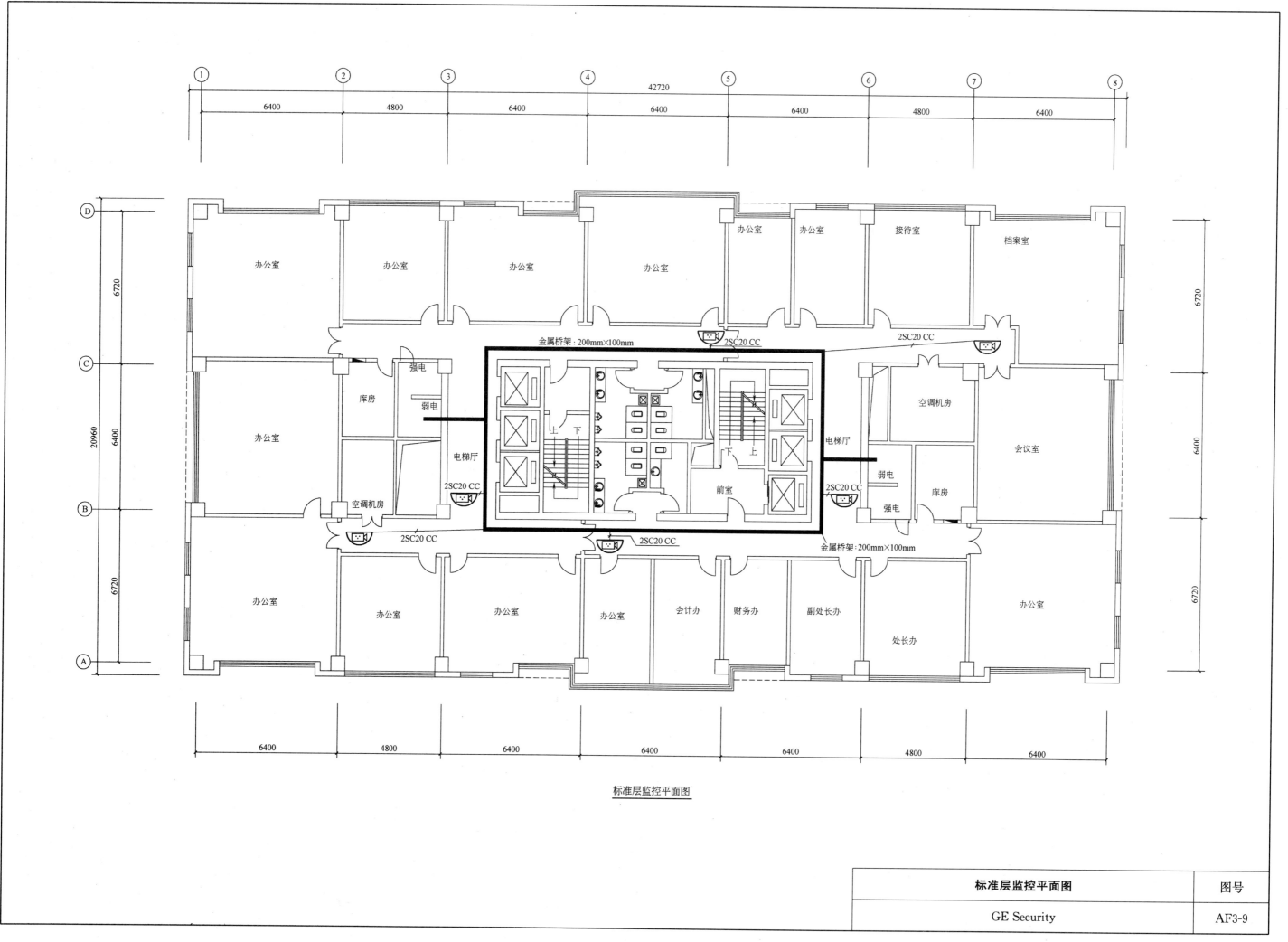

标准层监控平面图

标准层监控平面图	图号
GE Security	AF3-9

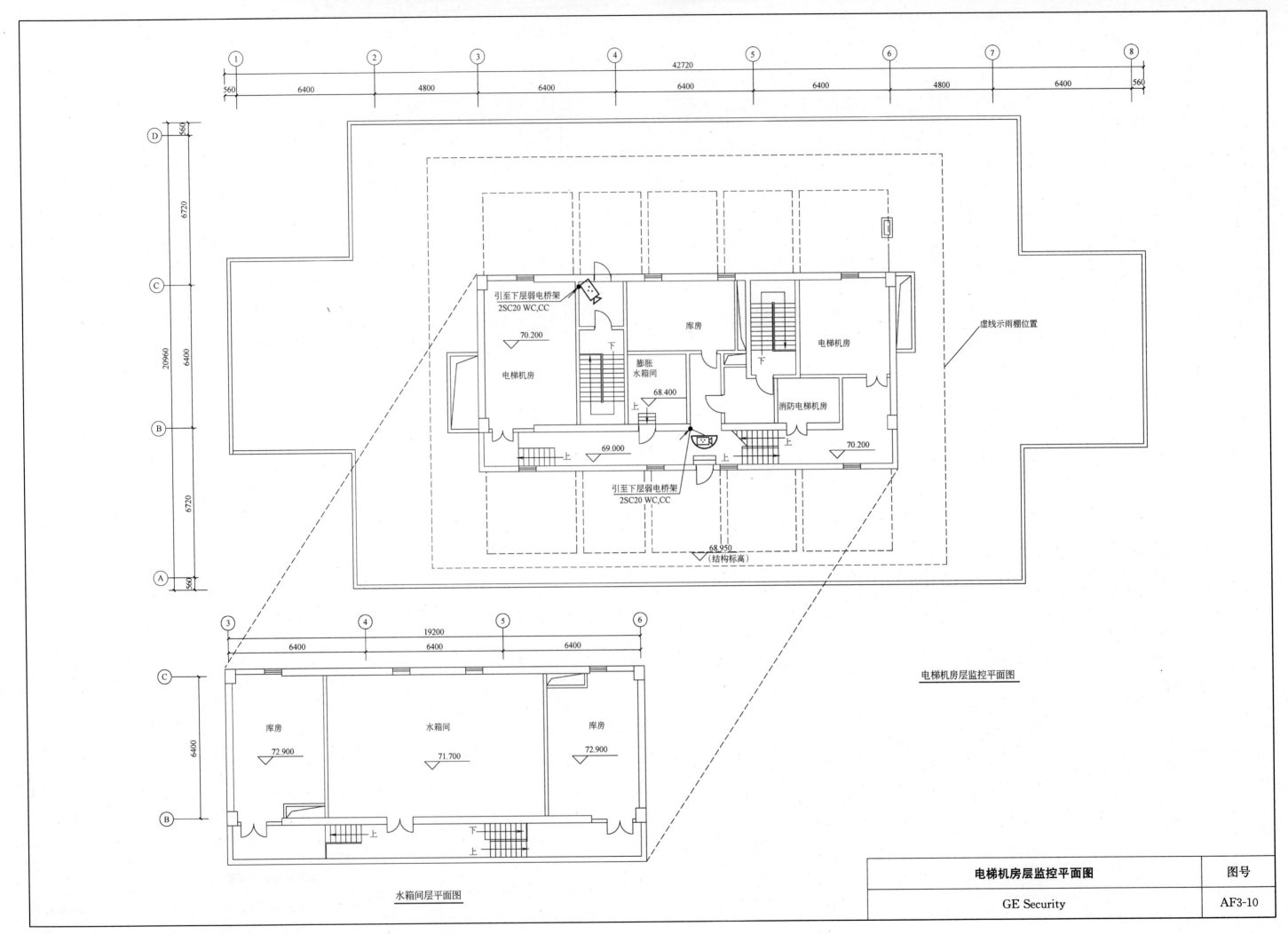

引至下层弱电桥架
2SC20 WC,CC

70.200

电梯机房

库房

电梯机房

膨胀
水箱间

下

68.400

消防电梯机房

69.000

上

70.200

引至下层弱电桥架
2SC20 WC,CC

68.950
(结构标高)

虚线示雨棚位置

电梯机房层监控平面图

库房

水箱间

库房

72.900

71.700

72.900

上

下

水箱间层平面图

电梯机房层监控平面图	图号
GE Security	AF3-10

48

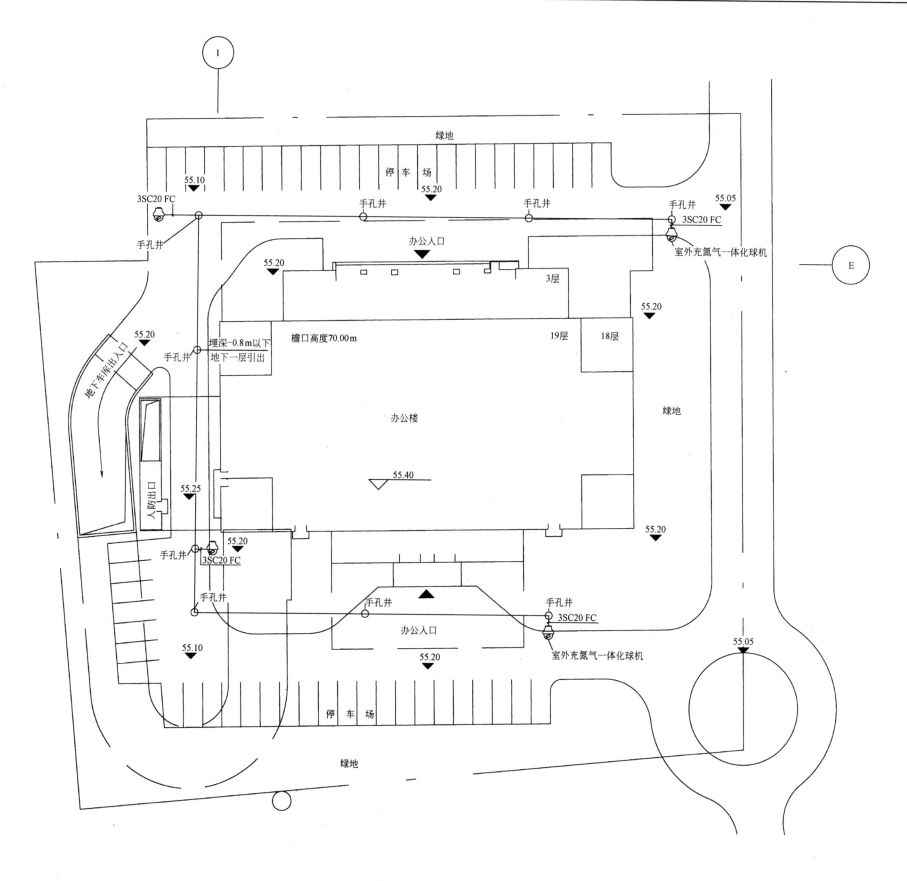

绿地

停车场

55.10 55.20 55.05

3SC20 FC 手孔井 手孔井 手孔井
3SC20 FC

手孔井 办公入口 室外充氮气一体化球机

55.20 3层

55.20

埋深-0.8m以下 19层 18层
地下一层引出

55.20 檐口高度70.00m

地下车库出入口

手孔井 办公楼 绿地

人防出入口 55.40

55.25 55.20

手孔井 3SC20 FC

55.20

手孔井 手孔井 手孔井
3SC20 FC

55.10 办公入口 室外充氮气一体化球机

55.20 55.05

停车场

绿地

总图监控平面图

总图监控平面图	图号
GE Security	AF3-11

49

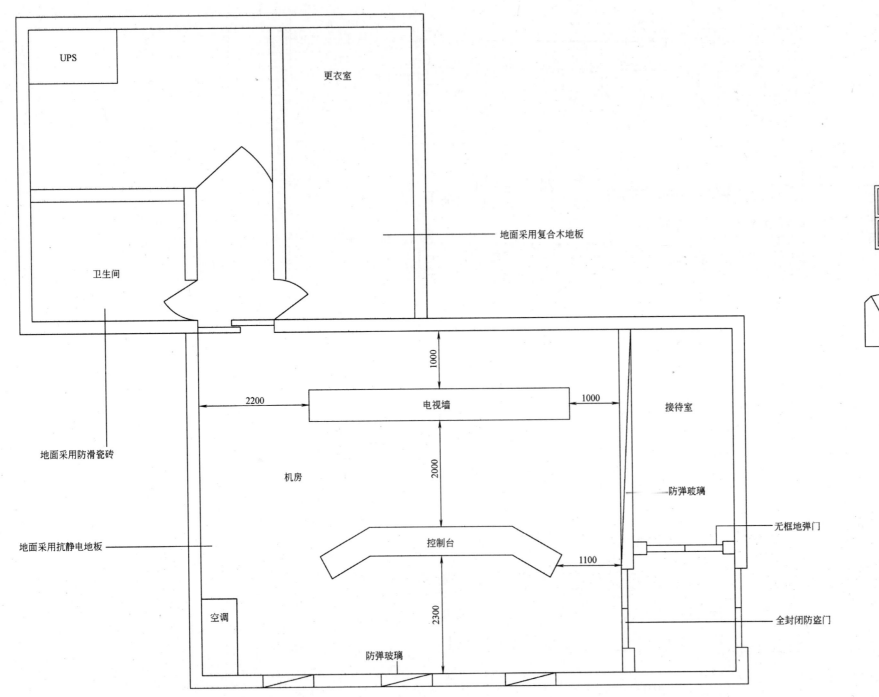

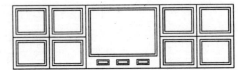

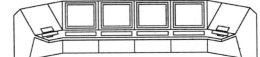

UPS

更衣室

地面采用复合木地板

卫生间

1000

2200　　电视墙　　1000　　接待室

地面采用防滑瓷砖

2000

机房　　　防弹玻璃

地面采用抗静电地板　　　无框地弹门

控制台

1100

2300

空调　　　全封闭防盗门

防弹玻璃

安防控制室平面布置图

安防控制室平面布置图	图号
GE Security	AF3-12

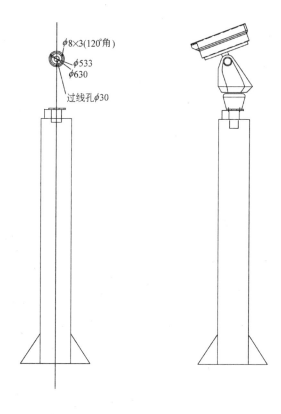

$\phi8\times3(120°角)$
$\phi533$
$\phi630$
过线孔$\phi30$

安装示意图一

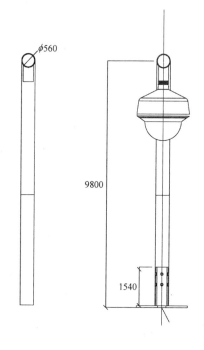

$\phi560$

9800

1540

安装示意图二

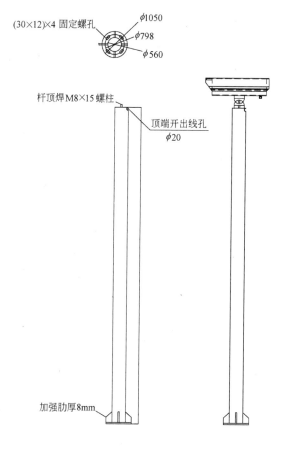

$(30\times12)\times4$ 固定螺孔
$\phi1050$
$\phi798$
$\phi560$

杆顶焊M8×15螺柱

顶端开出线孔
$\phi20$

加强肋厚8mm

安装示意图三

说明：1. 图中的单位：mm；
　　　2. 安装摄像机时法兰接口需做
　　　　好防水；
　　　3. 此安装方式适用于指示牌立
　　　　柱位置安装云台摄像机。

说明：1. 图中的单位：mm；
　　　2. 安装摄像机时法兰接口需做
　　　　好防水；
　　　3. 此安装方式适用于指示牌立
　　　　柱位置安装球形 PTZ 摄
　　　　像机。

说明：1. 图中的单位：mm；
　　　2. 安装摄像机时法兰接口需做好防水；
　　　3. 此安装方式适用于指示牌立柱位置安装固定摄像机。

摄像机安装大样图	图号
GE Security	AF3-13

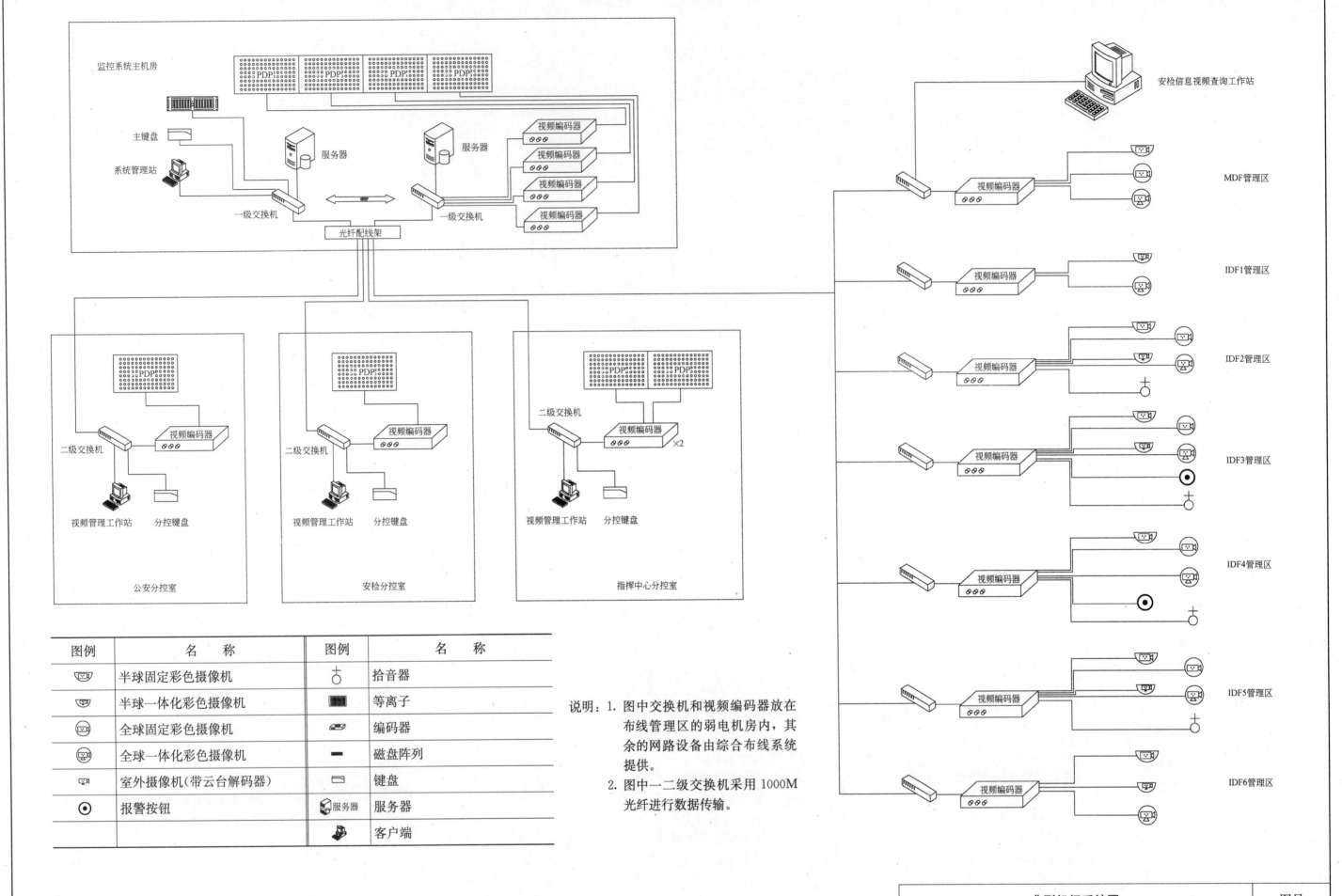

图例	名　称	图例	名　称
▱	半球固定彩色摄像机	⊤	拾音器
▱	半球一体化彩色摄像机	▬	等离子
☺	全球固定彩色摄像机	▱	编码器
☺	全球一体化彩色摄像机	▬	磁盘阵列
▱	室外摄像机(带云台解码器)	▭	键盘
⊙	报警按钮	▱	服务器
		▱	客户端

说明：1. 图中交换机和视频编码器放在布线管理区的弱电机房内，其余的网路设备由综合布线系统提供。

2. 图中一二级交换机采用1000M光纤进行数据传输。

典型机场系统图	图号
GE Security	AF3-14

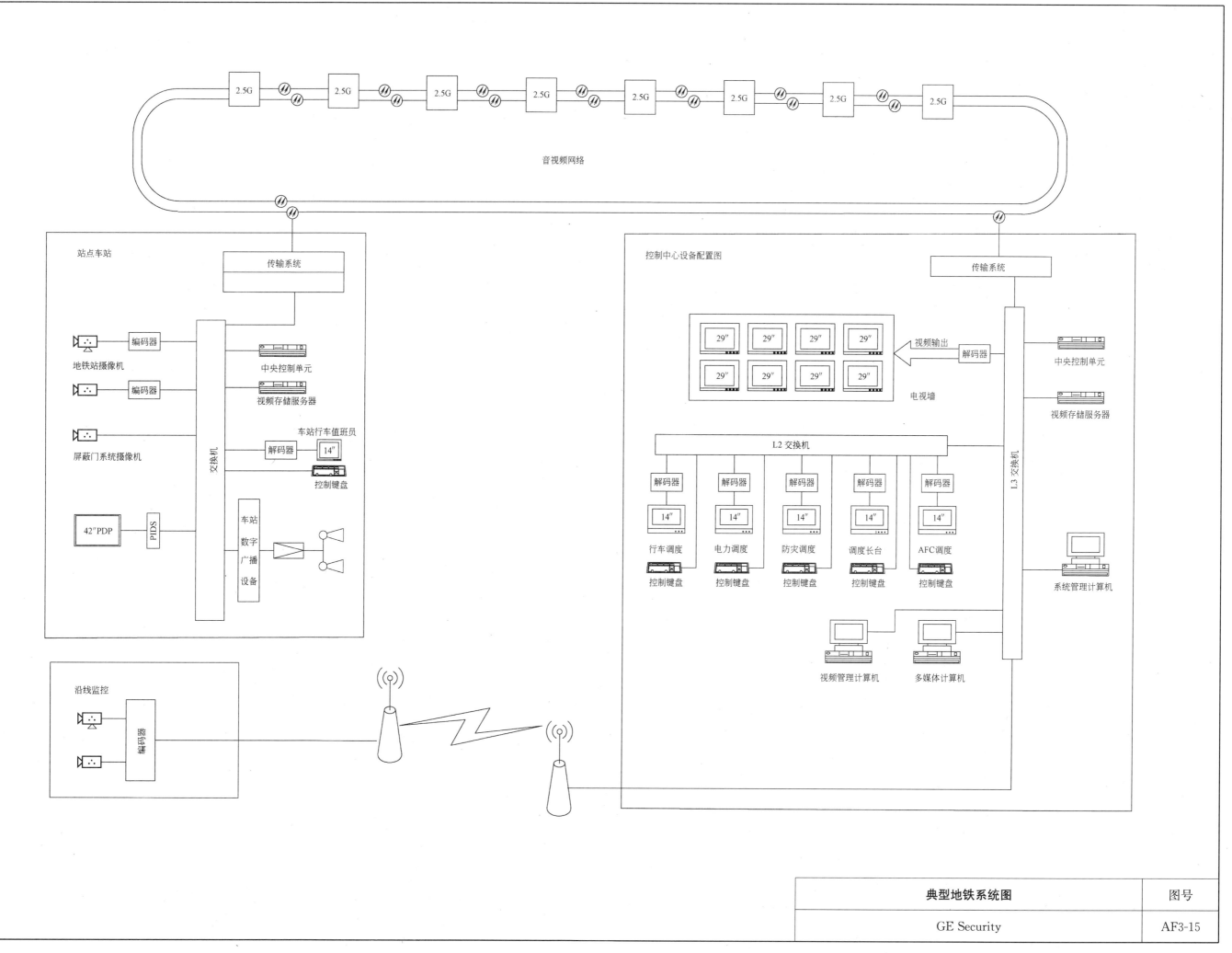

音视频网络

站点车站

控制中心设备配置图

典型地铁系统图	图号
GE Security	AF3-15

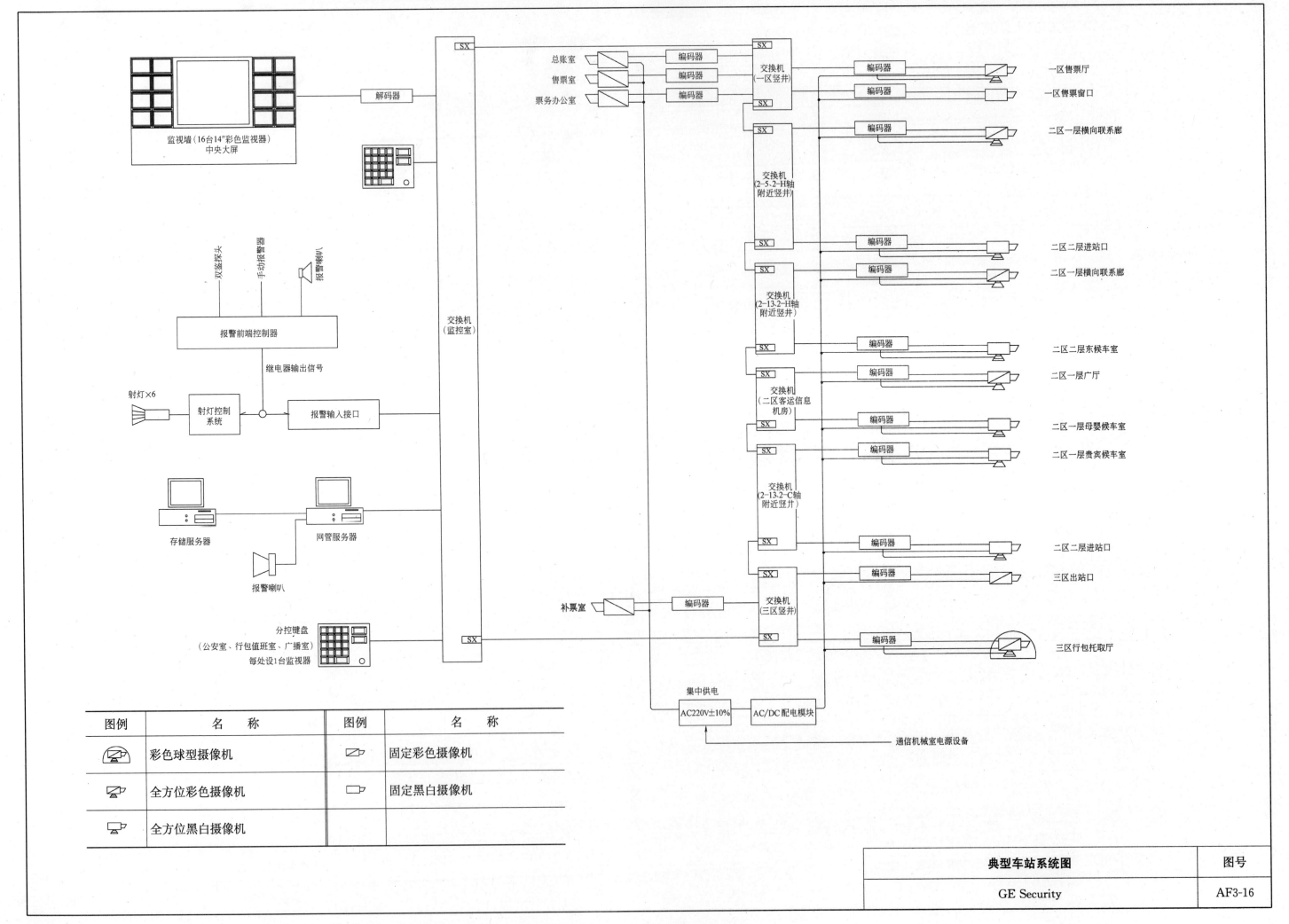

图例	名称	图例	名称
彩色球型摄像机		固定彩色摄像机	
全方位彩色摄像机		固定黑白摄像机	
全方位黑白摄像机			

典型车站系统图	图号
GE Security	AF3-16

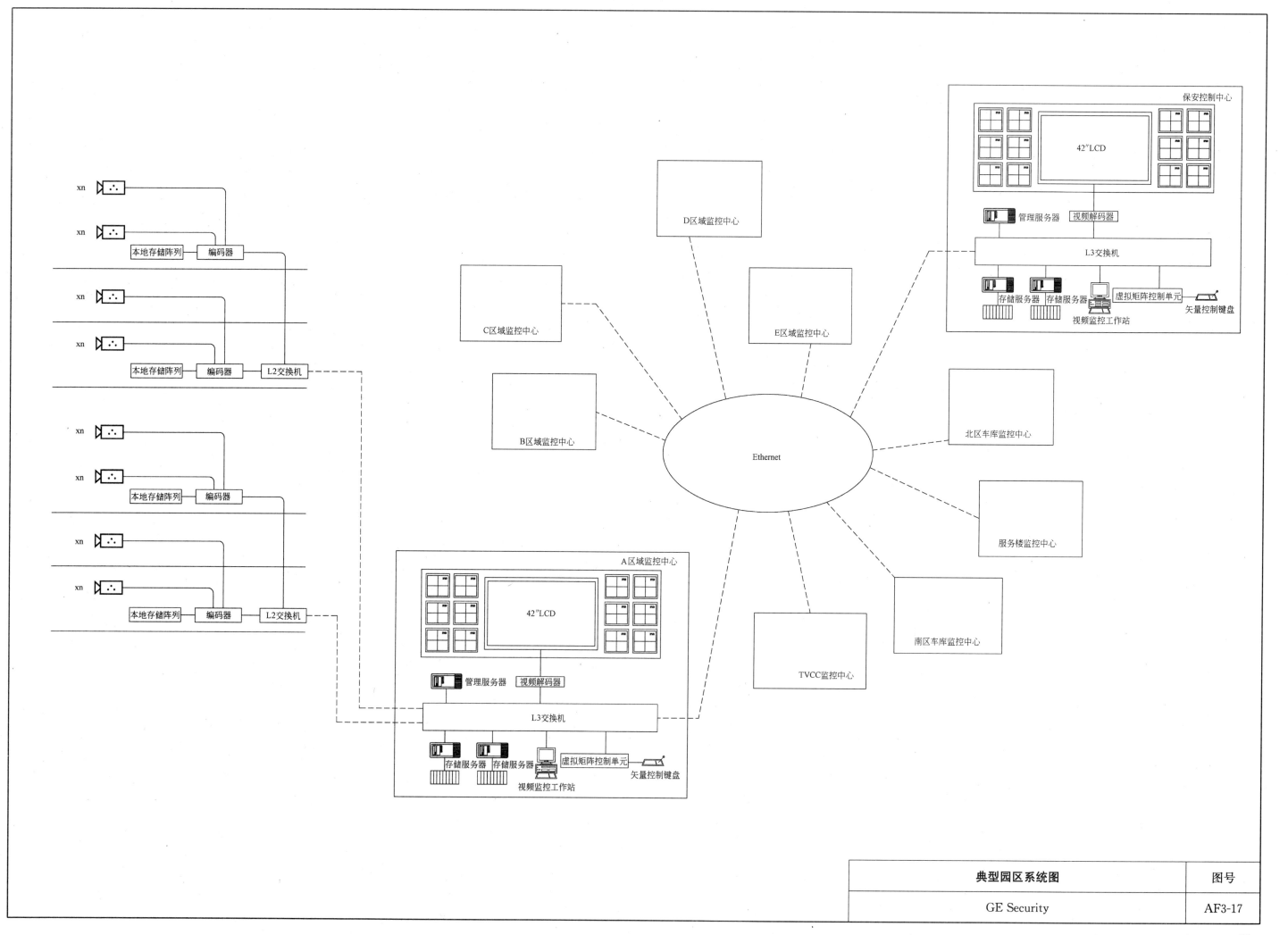

典型园区系统图	图号
GE Security	AF3-17

博 康 安 防
视频监控技术的发展历程和方向（一）

视频监控技术自 20 世纪 80 年代在我国兴起以来，先后经历了模拟视频近距离监控、模拟视频远距离联网监控、数字视频 IP 网络监控、数字视频光纤网络监控四个发展阶段。

1　模拟视频与近距离监控

20 世纪 80 年代，安全技术防范在我国民用领域率先兴起，安防视频监控成为当时最主要的技术防范手段之一。当时的视频监控技术比较简单，都是直接采用视频同轴电缆将视频图像从前端监控点传回监控中心，并逐一显示在监视器上。随着监控点的增多，问题随之显现出来：视频显示设备和录像设备的大幅增多，增加了建设成本，加大了管理难度。

为了方便管理，提高监控效率，人们引入了视频矩阵技术，即将视频图像从任意一个输入通道切换到任意一个输出通道。视频矩阵的出现，解决了大量视频图像的切换显示和分配共享等问题。视频采集（摄像机）、视频传输（视频同轴电缆）、视频管理（矩阵）、视频显示（监视器）和视频录像（录像机）就构成了一个基本的视频监控系统。

当然，这样的系统不管是 20 世纪 80 年代，还是现在，都是一个基本的但又成熟的视频监控系统，其特点是依赖同轴电缆只能在近距离内传输视频信号，以模拟视频的方式完成小范围的视频图像监控。

此时，我们无法做到远距离大容量的视频传输，也无法做到多中心多级联网，视频传输距离和容量以及矩阵联网的瓶颈限制了监控系统的规模。所以监控系统要想发展首先必须解决这两个问题。

2　远距离监控与联网监控

到了 20 世纪 90 年代，随着对视频监控系统要求的提高以及视频监控应用在诸多领域的普及，视频监控技术也有了飞速发展，不仅实现了远距离监控，还实现了视频联网监控。

光端机的出现解决了视频图像远距离传输的问题。早期的模拟光端机以光纤传输独具的优势，如传输距离远、不受电磁干扰、保密性强等，填补了远距离视频传输的空白；后期的数字光端机更是将多路模拟基带的视频、音频、数据进行数字化，形成高速数字流，采用复用技术进行传输，不仅大大提高了传输质量、传输容量，更加拓宽了传输业务的种类，为视频联网监控提供了物质基础。

视频联网监控是远距离大范围监控发展到一定阶段的产物，视频联网监控使人们对远距离大范围监控以及视频资源共享的迫切需求得到了满足。初期矩阵之间的联网是通过 RS232/422 低速数据的通讯来完成的，其缺陷是：RS232/422 数据的传输速率低、节点不能任意编号、不支持远程管理使联网规模受到限制；后期开发的 IP 联网控制功能，即联网控制数据则走 IP 通道，视频图像数据走光纤通道，弥补了 RS232/422 联网的缺陷，增强了视频联网的扩容能力。

无论是 RS232/422 方式的矩阵联网，还是 IP 方式的矩阵联网，其核心都是基于模拟矩阵＋光端机的视频联网监控系统。模拟矩阵历经 10 多年的发展完善，以其成熟的技术、稳定的表现、简易的操作占据市场主流近 10 年，但是模拟视频技术的发展已接近极限，基于模拟视频的技术瓶颈，随着监控范围和系统规模的不断扩大，也就越来越多的暴露出来。

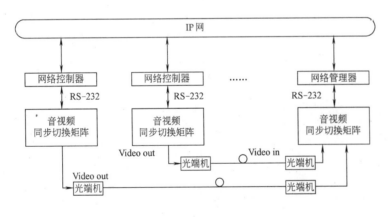

IP 方式的模拟矩阵联网

2.1　视频多级传输多次 A/D 转换所带来的视频损耗问题

视频信号在多级传输中，需要经过多次的 A/D、D/A 转换，每次转换过程都会导致视频信号一定程度的损耗，系统规模越大，传输层次越多，视频损耗也就越严重，从而导致图像质量无法保证。

2.2　中间设备众多且没有网管功能所带来的可靠性问题

视频监控系统中需要加入多种的大量的中间接入设备，如光端机、矩阵、视分器等等，其中大部分设备不具备网管功能，无法实时侦测设备运行状态，设备故障也不能自动查找。监控中心通过 IP 网络方式实现对视频矩阵和前端摄像机的控制，由于网络堵塞、网络延时等网络的不稳定性影响了控制的实时性和准确性，使得系统可靠性较低。

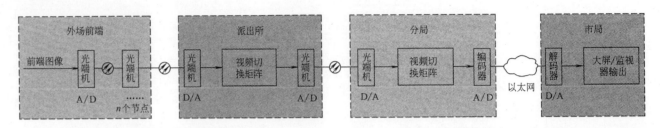

所以基于模拟矩阵的视频联网监控系统在面对大容量、大规模、多层次的联网监控需求时往往显得力不从心，限于模拟视频的技术瓶颈，无法找到合适的方案从根本上解决问题，这使得人们不得不去开发新型的联网监控技术。

3　数字视频与 IP 网络监控

随着数字技术与网络技术的发展，安防监控领域的视频技术也进入了数字化与网络化阶段，这使得传统监控系统中视频图像的传输与管理实现了统一。

视频实现数字化最初是从硬盘录像机开始的，视频压缩技术是硬盘录像机最核心的技术。目前在视频监控领域，主流的压缩标准采用 H.264，资料显示 H.264 视频压缩标准以其高效率的编码效率和传输性能，在视频监控领域得到了广泛应用。其最终制定的标准在 2003 年已经被 ISO/IEC（作为 MPEG-4 的第十部分）和 ITU-T（H.264 草案）同时支持。

随着网络技术在我国的普及，人们又提出了网络虚拟矩阵的全数字化矩阵概念。网络虚拟矩阵是以 IP 网络为媒质，基于 TCP/IP 协议，采用网络视频编解码器、网络交换机、路由器、网络视频存储设备、网络视频管理平台所构建的基于 IP 网络的全数字网络监控平台。全数字网络监控系统的显著优势在于充分发挥了数字技术和网络技术的特性，在很多方面解决了模拟矩阵技术无法解决的难题，例如：视频的无损交换、复制与存储；无距离监控与任意扩展；支持任意网络拓扑结构。全数字化的网络监控还简化了管理层次，全网视频统一管理与后台的灵活应用等显著优势使得全数字的网络监控平台在 2000 年以后逐步成为安防监控的主流。但是这种基于 IP 网络的全数字网络监控技术远非完美。

首先，基于 IP 网络的带宽限制，我们必须将数字视频进行压缩处理，即以牺牲图像质量（延时、误码、丢帧等）来完成视频的数字化和网络化。

其次，IP 网络本身并不是为视频、音频这样的实时大容量业务传输而设计的，网络虚拟矩阵简单的将视频流打包成 IP 数据包通过普通的网络设备（交换机、路由器等）进行数据交换，这导致了在实际应用中许多不尽人意的地方，包括图像质量、实时性、准确性、控制失灵、延迟抖动等。

最后，网络技术的复杂性加大了管理、使用和维护难度，IP 网络使得安防监控系统最关注的安全性无法得到保证。

这些问题都是基于 IP 网络的全数字网络监控系统所无法解决的。

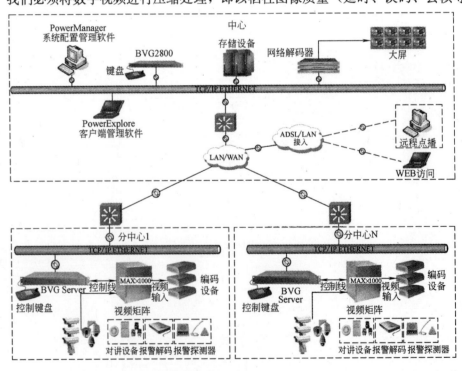

视频监控技术的发展历程和方向（一）	图号
博康安防	AF4-1

4 数字视频与光纤网络监控

"平安城市"自被提案以来，受到市场及安防行业的高度关注，也带动了安防行业的高速发展。"平安城市"以规模庞大、覆盖面广、多层次管理与高清晰监控为特征，采用何种产品或系统才是"平安城市"理想的解决方案，始终是业界人士讨论和争议的焦点。

传统模拟矩阵＋光端机的方案：虽然能够满足本地视频图像的高质量，实现本地视频的统一管理与近距离监控，但是在大型联网项目中视频多级传输多次A/D转换所带来的视频损耗问题，中间设备众多且没有网管功能所带来的可靠性问题，使它无法满足"平安城市"大规模监控、多层次管理的需求。

基于IP网络的全数字化网络监控方案：虽然能够支持任意网络拓扑结构，实现全网视频的统一管理与无距离监控，满足大规模监控和多层次管理需求，但基于IP网络的特性，我们必须以牺牲视频图像的高质量、视频监控的实时性和安全性为代价来完成视频监控的数字化与网络化。

鱼，我所欲也；熊掌，亦我所欲也。二者如何兼得，是摆在安防业界的一个重大课题。2004年，博康公司推出的BVx方案：一种基于光纤网络的全数字网络监控技术终于解决了这个难题。

这种新技术是将模拟视频进行数字化编码，但不做压缩，数字化后的视频信号通过光纤网络进行传输。根据非压缩数字视频的传输与交换原理，博康公司构建了一个全新概念的基于光纤网络的集数字矩阵、光纤传输、网络管理于一体的大型专业化监控平台，也称为全数字光纤网络监控平台。

与IP网络监控相同的是：全网图像任意节点接入，任意节点输出，实现了全网图像的无损传输、无损交换和资源共享；与IP网络监控不相同的是：图像未经压缩保证了图像的高质量；BVx内部组网，不需要网络交换机、路由器等网络设备，构建了有别于IP网络的专业化监控网络，保证了图像传输、交换、控制的实时性和准确性，以及整个监控网络的安全性。

值得注意的是：目前市面上有些厂家简单将数字光端机和矩阵系统组合在一起，即将光端机的接收端内置于矩阵，以实现矩阵的光、电两种接入方式，但从光端机接收端出来并接入到切换系统的依然是模拟视频信号，其矩阵的交换还是通过模拟电开关来实现的，这并不是真正意义上的非压缩数字矩阵。

BVx的诞生是安防监控事业发展道路上一个新的里程碑，它不仅高质量地实现了视频监控的数字化和网络化，超高画质的视频图像还为诸如面部识别、交通监控等图像智能分析提供了物质保障。BVx不仅提供高质量无压缩视频图像的接入、传输和交换，还能实现诸如音频、数据、报警、电话、以太网等多种业务的综合接入、传输和交换，构建更为高效灵活的多业务管理平台。BVx的这种特性充分体现了视频监控数字化、网络化、智能化和平台化的发展方向。

	对比项	模拟矩阵联网监控	全数字IP网络监控	全数字光纤网络监控
系统构成	组网设备	模拟矩阵＋光端机	编解码器＋IP网络设备	BVx光纤组网
	系统结构	结构简单/设备繁多	结构复杂/设备繁多	结构简单/设备简洁
	单机容量	最大256×64	依赖于带宽和交换机	最大640×256
	系统管理	设备繁多不易管理	技术复杂难以管理	结构简洁易于管理
数字化	全数字化	否	是	是
	本地图像质量	好（模拟图像）	较差（压缩数字图像）	好（无压缩数字图像）
	远端图像质量	较差（多级传输损耗）	较差（多级传输无损）	好（多级传输无损）
网络化	小规模联网	好	好	好
	大规模联网	较差（无法支持多级联网）	好（IP网络）	好（光纤网络）
	网络管理	较差（不支持网管）	好（支持网管）	好（支持网管）
	网络传输	较差（多级传输损耗）	中（多级传输无损/网络堵塞）	好（多级传输无损/无网络堵塞）
	网络控制	中（易产生误码）	较差（网络延时）	好（无网络延时）
	实时性	好	较差（网络延时）	好（无网络延时）
	扩展性	较差	好（任意节点接入）	好（任意节点接入）
智能化	报警联动	好	较差（网络延时）	好
	图像分析	本地分析	较差（低质量图像不利于分析）	本地分析和远程分析
	响应速度	好	较差（网络延时）	好
平台化	系统集成	中（小规模系统集成）	中（大规模系统集成）	好（大规模系统集成）
	多业务支持	较差	中	好
	兼容性	较差	中	好
	安全性	中	较差	好
	整体系统质量	小规模时较好	依赖于压缩算法和带宽	好

5 BVx全数字光纤网络监控平台的基本特点

5.1 基于光纤网络的大型网络监控平台

BVx强大的组网功能能够灵活构建环形（自愈）、星型、链型、混合型等各种拓扑结构的光纤网络，相邻节点之间通过一芯或两芯光纤互联互通，一芯光纤最大可传输128路无压缩视频，最大限度地节省光纤资源。全网图像任意节点接入，任意节点输出，监控的视角随着网络的延伸而扩展到每一个角落，实现了全网图像的无损传输、无损交换和资源共享；BVx强大的网管功能实时检测网络运行状态，动态分配网络带宽资源，对全网设备进行统一管理、实时监控和故障报警，增强了整个系统的可靠性和可维护性，使网络运行达到最佳状态。

5.2 专业化光纤网络监控平台

1）BVx创造性的集数字矩阵、光纤传输、网络管理于一体，是专门为大型联网监控而设计的专业化网络监控平台。它集多种功能于一体，简化了系统结构，减少了中间设备，大大增强了系统的稳定性和可靠性。

2）BVx内部组网，不需要网络交换机、路由器等网络设备，构建了有别于IP网络的专业化监控网络，保证了图像传输、交换、控制的实时性和准确性，以及整个监控网络的安全性。

3）BVx单机箱拥有最大容量640路视频输入，320路无压缩视频全交叉矩阵切换输出能力（256路正向视频总线及64路反向视频总线）。BVx嵌入式的系统设计、插卡式的平滑扩展，无延时的传输控制、多层次的权限管理，无不体现着BVx作为大型网络监控平台的专业性和先进性。

5.3 高清晰全数字化监控平台

BVx采用无压缩数字化的编码方式接入前端视频信号，一次编码全网共享。从前端视频接入到终端视频输出，全程视频数字化无压缩，既避免了传统模拟矩阵＋光端机方案由于视频多级传输多次A/D转换所带来的视频损耗问题，也解决了全数字IP网络压缩方案由于图像压缩所带来的图像质量问题。

超高画质的视频图像既实现了特殊行业高清监控的目标，也满足了诸如面部识别、交通监控等图像分析的智能化监控需求。

5.4 开放性监控平台

BVx系统提供了一个基于光纤网络的开放性监控平台，其开放性的网络设计，兼容以矩阵为核心的模拟监控系统，能够将现有模拟矩阵的输出像普通摄像机一样接入BVx光纤网络，并通过对矩阵的控制管理该矩阵接入的所有视频图像；兼容以数字码流为核心的IP网络监控系统，能够直接接入数字视频信号，数字IP码流、E1等多种视频信号。

BVx对各种主流矩阵、球机，编解码器等设备的兼容使各种监控系统能够在统一的平台下进行管理和资源共享，使联网监控系统成为一个有机的整体，最大限度地保护用户前期资源和投入，为实现多层次应用和集中管理提供了有力的保障。

5.5 多业务管理平台

BVx不仅提供高质量无压缩视频图像的接入、传输和交换，还能实现诸如音频、数据、报警、电话、以太网等多种业务的综合接入、传输和交换。这种多业务的综合接入真正使联网监控系统成为一个有机的整体，大大简化了用户的通信网络，避免其针对不同业务需求，需构建多种通信网络的情况发生，极大地降低了网络建设、维护及管理成本。

6 结语

可以看出，不管是模拟矩阵，还是基于IP网的虚拟矩阵，目前在视频联网应用中都存在着各自的局限性，致使在实际的联网应用中总是不尽人意。而BVx作为一种全新的视频监控技术，创造性地集数字矩阵、光纤传输、网络管理于一体，弥补了以往方案的各种技术缺陷，让传统监控矩阵插上了数字化和网络化的翅膀，以最先进的技术和理念构建了新一代的大型数字视频网络监控平台。

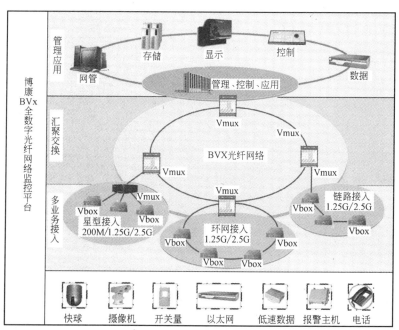

视频监控技术的发展历程和方向（二）	图号
博康安防	AF4-2

平安城市视频监控系统（一）

1 总体概述

1.1 建设背景介绍

平安城市作为一个有计划有步骤在全国推动的安防领域内的大型建设项目，旨在以高科技手段增大城市街面治安监管力度，健全社会安全防控体系。公安系统是整个城市安全系统的中心，也是整个平安城市监控的中心。公安系统覆盖面积广，涉及行业多，监控对象复杂，因此公安系统需求的监控系统一直是平安城市监控系统发展的航标向。平安城市监控从整体架构来说可以分为纵向系统和横向系统。所谓的纵向系统，是平安城市监控系统中典型的多层次系统，从街道到派出所到分局到市局，每层系统都是一个梯形的向上容纳结构，因此系统需要立足于提高公安机关快速反应和街面治安防控能力，建设覆盖重点区域的实时图像监控系统。监控系统要覆盖到辖区内的重点聚集场所、重要部位和交通要道，然后各监控点统一汇至到分局指挥中心，由指挥中心实行全过程、全方位、全天候的实时监控；所谓横向的系统架构，就是要考虑把以派出所为中心的和孤立的社会图像监控系统互联成网，成为统一融合的系统，并在分局对这些视频图像进行存储，为分局处警和联防提供强有力的技术保障，服务于治安防控等工作。

1.2 视频监控的目的

平安城市监控工程主要建设的监控点以道路监控为主，来控制呈高发态势的街面及社区案件，因此图像监控系统的建设必须为街面防控和社区防控服务。

公安各部门现有的监控系统基本上都采用了光纤作为传输媒体，但由于采用的是模拟传输技术，通常情况下每传输1路图像，均需占用1根光纤，所以现有监控系统的传输方式造成了光纤资源的浪费。因此我们需要全新的传输方式，来提高资源的利用率。

由于公安监控地域广阔，若要使分局建设的图像监控系统达到为治安防控服务的实战目的，则需要一种新的建设模式，即公安自建和社会资源相结合的新模式，由公安建设一个综合的接入平台和少量适当的、必要的监控点，同时充分利用现有的社会资源，将小区、社会单位等自建的大量图像资源接入公安构建的综合平台，实现图像资源的共享和派出所属地化应用，为街面和社区的一线治安防控工作服务。而且该接入平台应满足未来图像监控系统的发展需要，即具有较强的扩展性和综合的接入能力，不仅要能接入视频图像，而且能够接入语音、数据及IP等业务，从而有效的减少政府的资金投入，提高投资的利用率，避免重复建设。

同时系统设计需要考虑对原有的资源进行优化，设备选型时要充分考虑对光缆组网形式的适应性，要充分利用现有光缆资源来实现更多的应用。另外，由于刑事案件、应急事件、突发事件的时间、地点的不可预测性，因此需要在第一时间赶赴现场，并在第一时间传回现场的图像信息，因此需要建设一套具备反向数据通道的应急无线图像传输系统。由于公安业务需要对图像分析、存储等应用，所以现场图像无线传输系统应具备高质量，为应急指挥及事后事件分析服务。

2、需求分析

2.1 平安城市监控的建设目标

平安城市监控的建设目标是要搭建全数字化、智能化、高度集成、有效管理的城市监控网络平台。为此，公安部开展了一系列的科技强警示范城市建设，其目的在于：

1）加强公安三级联网系统的建设，实现公安系统的图像资源共享，更合理有效地利用和节约资源。

2）响应城市社会资源报警监控系统的需求，完成对社会资源的报警与监控建设，并实现与公安系统的无缝兼容。

作为整个监控系统中承上启下的分局系统的建设尤为重要，如何将分局系统建设成为一个整合的平台，协同市局系统和所有派出所，形成一个统一的智能化监控平台，是建立公安监控系统的重要目标。

整个公安系统的整体结构大致分为三部分（如图【1】所示），以市局为中心的监控系统、以分局为中心的监控系统、以派出所为中心的监控系统。在实际的建设中，所有的分局之间，可能建立环状的结构，然后统一接入到市局。分局也有可能组成更有层次结构的星型结构，形成派出所接入分局，分局接入市局的这样层次清晰的系统，建设区的光纤资源状况往往决定采用哪种系统结构。

2.2 分局监控中心

是整个公安监控系统中最重要的部分，肩负着所管辖区域所有事件的管理和应急工作。大型城市中通常会有十几个区域，也就意味着有十几个分局，每个分局的监控中心基本都会接入上百路，设置近千路视频，并且监看近百路，包括上电视墙、DLP大屏和流媒体监看。除了监看，分局监控中心还要对实时发生的各种紧急事件做出反应，进行调度。因此一个高效，清晰的视频监控平台是保证分局所有工作顺利进行的必要条件。分局监控中心的主要作用有：

1）实时监控重要社会区域状况，并做出实时反应；

2）对重要社会区域进行监看；

3）承上启下的核心系统，保证派出所系统的有效接入和整个市局系统的无缝融接。

2.3 派出所监控中心

派出所监控中心，是整个公安监控系统的基本单元。每个派出所监控系统都是公安监控系统的缩影，完成了从监看、处理到存储的所有监控事务。派出所监控中心的建设要求是高效、灵活、经济、先进。所谓高效，即系统能够接入大量的前端监控视频，同时能够进行有效处理和存储；灵活，即系统能够根据变化的需求进行扩展；经济，即前期的投入能够很好的被保护；先进，即系统能够很好的处理各种业务，同时具有前瞻性。

派出所主要是对关系人民生活的各个细节区域进行监控，所有的区域都有其共同性和特殊性，因此前端的监控必须高清晰、低延时、容易安装和施工，以保证前端扩展的便利性。在监控中心，则需要建设处理多种不同业务的集成平台。

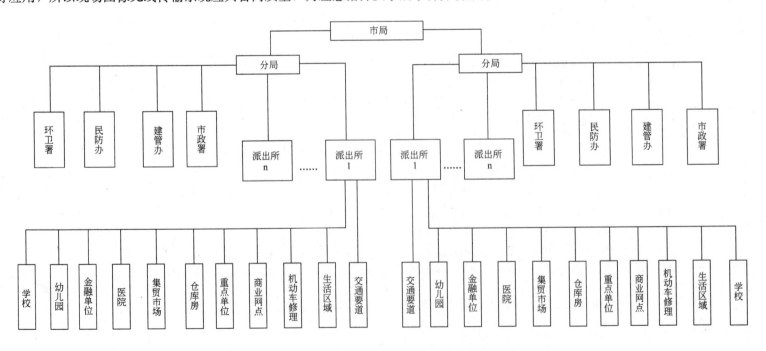

图【1】【平安城市图像监控三级管理模式图】

平安城市视频监控系统（一）	图号
博康安防	AF4-3

3 方案设计

3.1 传统解决方案

随着公安实时图像监控系统全面建设的开展，各派出所、分局、市局之间的图像信息传输也日益重要。

采用矩阵＋光端机传统监控模型作为平安城市解决方案，存在致命的缺陷。在大规模的系统联网应用中，该方案无法避免图像背靠背转换时的图像衰耗，因此无法承担公安系统的大规模系统联网。同时随着前端监控节点的增加，造成图像信息交换数量越大，占用的光纤资源就越多，因此对矩阵规模的要求也越高，使各派出所、分局矩阵不得不大幅度扩容，建设成本也随之增加。

采用基于公安 IP 专网的编解码压缩传输方式，即在分局和派出所端采用 MPEG-2/MPEG-4/H.264 编解码器进行图像信息的联网传输，从而实现市局、分局中心系统与派出所本地系统的联网互控，采用这种传输方式，成本相对较高，图像压缩牺牲了图像质量，且占用 IP 专网带宽，特别是大容量的图像信息传输会严重影响 IP 专网上的其他应用。因此，采用图像数字化压缩传输方式构建的监控网络是无法承担起公安领域内的大规模系统联网应用责任的。

3.2 博康 BVx 全光数字无压缩解决方案

全新的公安监控管理平台，需要真正意义上建立一个统一、高效、安全、合理的平台，能够完全克服传统模拟数字混合方案中，由于视频多级传输多次 A/D 转换所带来的视频损耗问题，及由于设备众多所带来的可靠性和管理的问题，且该平台应该能够灵活的支持各种拓扑，同时能够对不同的业务进行有效、统一的管理。（如图【2】所示）

在构建和谐社会大形势下，公安系统响应了国家提出的"平安城市"、"平安中国"构想，以高科技服务警力，科技强警，推进了公安系统的监控系统数字化进程。所谓 BVx 系统是以光纤传输视频、音频、以太网数据、低速数据及开关量信号的数字视频解决方案，同时也是功能强大的、具有数字背板交换总线功能的分布式数字矩阵解决方案。它通过光纤介质以任意形式的拓扑结构，实现分布式的监控节点设备互联，可接入多业务数据，如视频、音频、数据及开关量信号等，通过先进的数字背板交换总线结构实现多业务数据自动路由和全网交换，从而为需要大容量、高效能、无延时的视频监控联网系统提供完整的传输、控制解决方案。

在结构上，BVx 系统由 BVx 矩阵的前端多业务接入设备 Vbox、中心汇聚交换设备 Vmux 以及系统控制部分——NC8100 三部分组成，并配以网管系统为代表的相应软件，各部分分别完成前端视频、音频、数据等多业务的数字化接入：多业务的传输、路由与交换；以及上层的应用管理系统。因此，BVx 系统是以电路交换为基础，运用强大（40G）的背板容量，可实现大容量多业务的接入和无损无延迟的传输、多种拓扑的灵活组网、环网自愈的安全保障及灵活稳定的网络管理机制。此外，系统还为其他信号的接入留有通用接口和扩展空间，充分保证了系统具有良好的扩展性，实现了投资效益的最大化。

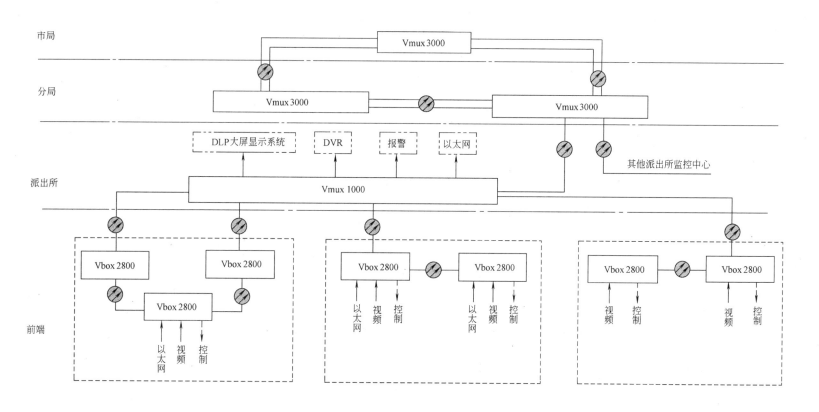

图【2】【平安城市图像监控整体结构图】

BVx 系统解决方案是一个全数字化的基于光纤网络的监控系统解决方案，它主要由以下几部分组成。（如图【3】所示）

3.2.1 核心层（市局监控中心至分局监控中心）

市局是整个公安监控的系统的汇聚中心，考虑到整个系统的庞大，覆盖区域的广泛，业务的繁多，结构的复杂及管理的重要，采用 BVx 专业数字监控平台的 BVx3000 系列设备来构建分局和市局之间的环形自愈网络，充分保障各分局到市局图像资源的传输和交换。统一建设的 BVx 全数字化基于光纤网络的监控平台进行属地化图像治安信息一级管理，实现市局图像资源最高级管理和调度。同时利用 BVx3000 应用系统，分局/市局监控中心能够建立：

1) 高效的流媒体中心。

2) 建立高效的视频存储中心：

· BVx3000 系统提供了高效的存储服务系统，能够无缝隙的和 NAS, IPSAN 等存储系统进行整合。

3) 建立整合的网络管理平台：

· BVx3000 系统提供了 NMS 软件，能够对整个系统从前端设备到整个拓扑的各个中心进行统一管理。

4) 建立安全的用户管理系统：

· BVx3000 的 VIS 系统，建立了电信级的用户安全管理体系。

5) 建立整合的多业务管理平台：

· BVx3000 通过不同功能板卡的组合能够处理包括音频、数据、报警、电话、以太网等业务。

3.2.2 汇聚层（派出所监控中心至分局监控中心）

将采用 Vmux1000 来构建各个派出所到分局之间的星型网络，派出所图像在分局监控中心汇聚，同时输出到本地电视墙进行显示以及通过硬盘录像机进行图像的存储。充分保障分局与派出所以及派出所之间图像资源的传输和交换，实现本地以及远程图像资源的任意切换、控制和管理。

3.2.3 接入层（外场前端至派出所监控中心）

前端摄像机模拟信号经 BVx 前端接入设备 Vbox 系列转换为无压缩的数字光信号接入 BVx 光纤网络，实现图像信息的非压缩数字化高质量的实时传输。派出所将所有的前端数字业务进行接收，同时进行本地的调看和录像应用。

为了实现效益的最大化，BVx 全数字化光纤网络监控平台提供了一个开放型的系统平台。平台兼容原先公安系统已建设的矩阵为核心的模拟监控系统，兼容以数字码流为核心的 IP 监控网络，甚至兼容独立的前端图像采集节点，对于公安系统的应用而言，社会治安监控点（小区、街道、路口等社会资源），派出所监控系统，分局市局监控系统，都可兼容在一个统一的平台下进行管理和资源共享，正是平台这种开放式的特点，才能真正使"平安城市"这样庞大的系统成为一个有机的整体，为"平安城市"的多层次应用和集中共享创造可行性。

因此，BVx 全数字化光纤网络监控平台成功解决了建设平安城市监控系统涉及到的大量技术问题，以最优化最合理的方案构架了新一代的数字视频监控系统，代表了目前监控领域最先进技术的发展方向。

平安城市视频监控系统（二）	图号
博康安防	AF4-4

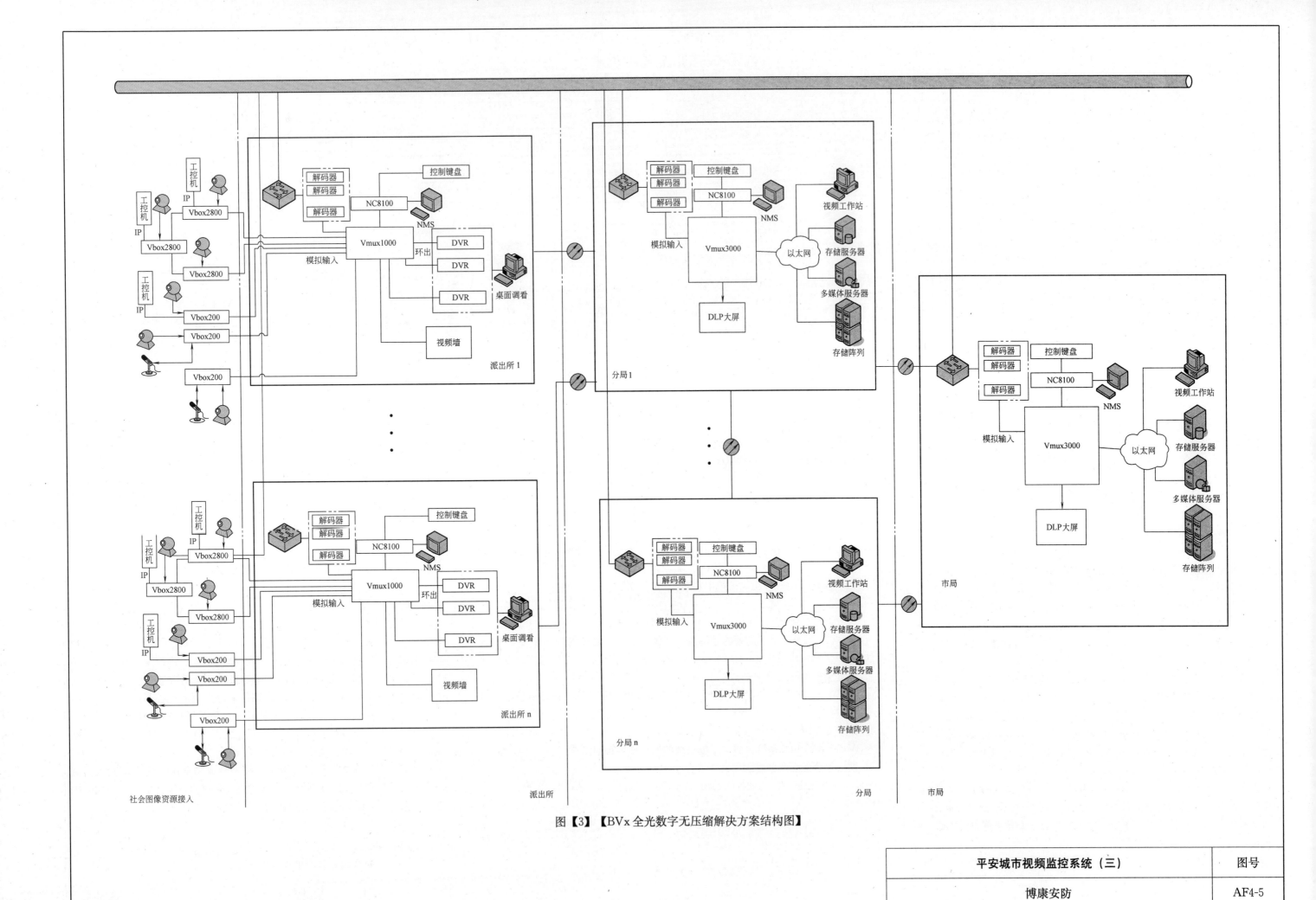

图【3】【BVx全光数字无压缩解决方案结构图】

平安城市视频监控系统（三）	图号
博康安防	AF4-5

高速公路视频监控系统（一）

1 总体概述

1.1 高速公路行业背景介绍

近年来，我国的高速公路建设取得了很大的发展，截止2005年底，全国高速公路通车里程达4.1万km，各省、市高速公路网已逐步形成，交通监控系统的作用也日显重要，以往孤立的路段监控系统已明显不适应路网形成后的交通监控和运行管理的需要，建立信息共享、综合管理的区域或全省联网交通监控系统已逐渐成为各省、市高速公路交通监控的发展趋势。

1.2 高速公路视频监控的目的

在高速公路网逐步形成的新形势下，视频监控系统的地位变得日益突出。视频监控系统可以让公路管理者实时直观地了解道路状况和交通运行情况，特别是对路网内突发的重大交通事故，能够及时准确地掌握现场情况，有效组织排除交通故障工作和采取紧急救援措施，迅速疏导和恢复正常的交通。随着视频监控技术的不断发展，视频监控系统也逐步实现整体化监控、远程化监控、数字化监控和高清化监控，以适应高速公路交通监控的特殊需求，全面提升高速公路交通监控管理者决策的准确性和效率性。

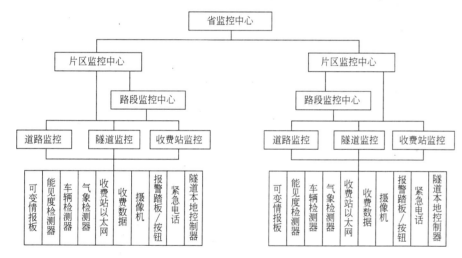

图【1】【高速公路图像监控三级管理模式图】

2 需求分析

2.1 省域联网视频监控系统的建设目标

省域联网交通监控系统的建设目标是要搭建数字化的交通监控网络；构筑一体化的综合业务平台；建立智能化的路网监测系统，形成统一化的省域控制平台。

作为省域联网交通监控系统最重要的子系统之一——视频监控系统的建设目标要与省域联网交通监控系统的建设目标相一致，实现全网视频图像的数字化、网络化、智能化和平台化的监控和管理。

高速公路视频监控系统总体方案自上而下采用省监控中心——片区监控中心——路段监控中心三级管理模式（如图【1】所示），各级管理机构各司其职，相互衔接，使得信息传递、协调管理十分便捷，促进了整个高速公路网整体效益的发挥，达到了对全省路网有效监控和管理的目的。

2.1.1 省监控中心

省监控中心拥有整个系统的最高指挥控制权，能够对全路网的视频图像进行集中监视和远程控制，对全省高速公路进行统一的管理和调度。在通常情况下，省监控中心以监视、监督全省交通运行状况及系统运行状况为主，不参与各级监控分中心的控制。当路网发生以下情况时，才需要介入分中心的控制：

1) 路网局部路段出现大面积拥堵或重大交通事故；
2) 特大桥或长隧道等大型交通建筑出现故障；
3) 相邻监控分中心的接合部、枢纽互通立交出现拥堵或交通事故需要协调；
4) 出现特殊事件需要省监控中心进行控制。

2.1.2 片区监控中心

从全省联网交通监控的设计思路出发，综合考虑业务需求、管理效率、投资成本、合理间距、地域划分等因素，设立若干个片区监控中心。片区监控中心具体负责整个片区内高速公路的整体运营管理和监视，协调各路段的交通管理、信息发布和事故处理等。

片区监控中心对各下级路段监控中心上传的图像进行统一监控和管理，切换显示在大屏幕或监视器等显示设备上，同时也将视频图像上传至省监控中心。

2.1.3 路段监控中心

路段监控中心包括各收费站、隧道、道路监控中心，负责具体的业务操作和日常运营管理。收费站监控负责对收费亭、收费车道、广场、外场等地点进行图像监控和管理；隧道和道路监控中心负责对所辖路段内的高速公路沿线、桥梁、互通立交、隧道等重点场所实时监控，实时掌握特殊路段现场交通的运行情况和道路状况，确认和处理本路段发生的异常事件，及时疏导交通并通知相应的部门和机构实施救援和控制。

几个路段监控中心将辖区内全部视频图像上传至片区监控中心进行集中监控，各路段监控图像也可互相调用实现资源共享，同时也在本地输出显示，以满足现场监控的需要。

2.2 传统解决方案及缺陷分析

根据省域联网视频监控系统的建设目标和高速公路交通监控的行业特点，传统的高速公路交通监控方案主要分为两种：模拟数字混合方案和全数字压缩方案。

2.2.1 基于矩阵的模拟数字混合方案

模拟数字混合方案是采用传统模拟矩阵＋光端机的方式，实现了以矩阵为核心的高速公路网图像监控的三级联网。（如图【2】所示）

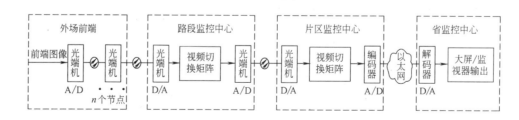

图【2】【基于矩阵的模拟数字混合方案结构图】

2.1.1 省监控中心

1) 从外场前端至路段监控分中心：

通常选用节点光端机将摄像机模拟信号第一次转换为数字光信号进行图像传输，进入路段监控中心后再转换为模拟信号接入视频切换矩阵并本地输出（第一次A/D，D/A转换）。

2) 从路段监控中心至片区监控中心：

输出的模拟图像通过点对点复用光端机第二次转换为数字光信号上传至片区监控中心，然后再次转换为模拟信号接入视频切换矩阵并本地输出（第二次A/D，D/A转换）。

3) 从片区监控中心至省监控中心：

输出的图像经过编码器数字压缩后通过千兆以太网/SDH网上传至省监控中心，省监控中心通过解码器还原为模拟信号输出显示到大屏幕和监视器（第三次A/D，D/A转换）。

4) 该方案的优势和缺陷：

该方案实现了视频监控系统的三级联网控制，其最大的优点在于兼容早期已有的模拟矩阵，初步完成了全网图像资源的互联互控，但是在实际运用中，其缺陷也是显而易见的。

(1) 多次A/D，D/A转换，图像质量大幅下降；

从最前端摄像机视频输入到最末端显示输出，全程视频图像要经过3次A/D和3次D/A共6次转换，每次转换的视频损失足以导致图像质量大幅度下降。

(2) 链路设备众多，且没有网管功能，可靠性低，维护困难；

整个监控过程需要众多的视频矩阵、光端机、编解码器，监控中心通过网络方式实现对视频矩阵和前端摄像机的控制，但是由于网络的不稳定造成控制的不稳定或时延，可靠性极低；且大部分设备没有网管功能，设备故障不能自动查找，维护极其困难。

基于矩阵的模拟数字混合方案只是高速公路交通监控发展道路上的一个阶段性产物，其图像质量、可靠性、安全性、灵活性已不能适应高速公路交通监控快速发展的需要，最终必将被新一代的全数字化联网监控方案所淘汰。

高速公路视频监控系统（一）	图号
博康安防	AF4-6

61

2.2.2 基于 IP 网络的全数字压缩方案

全数字压缩方案是将摄像机的视频图像直接压缩编码变为 IP 码流接入以太网交换机，每个编解码器都有 IP 地址，片区监控中心和省监控中心都可以通过软件对编解码器进行视频调用和控制（如图【3】所示）。

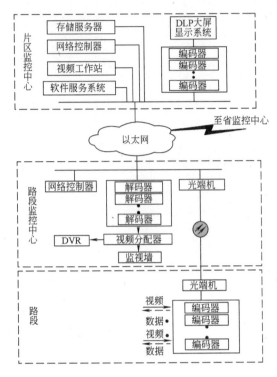

图【3】【基于 IP 网络的全数字压缩方案】

1）从外场前端至路段监控分中心：

将摄像机模拟信号经过编码器数字压缩后变为 IP 码流，经点对点光端机或节点光端机传输进入路段监控中心，接入以太网交换机。

2）从路段监控中心至片区监控中心~省监控中心：

片区监控中心和省监控中心都可以通过软件对编解码器进行视频调用和控制，图像显示可以通过视频解码器还原为模拟图像接至大屏幕或监视器。

3）该方案的优势和缺陷：

基于 IP 的全数字压缩方案，突破了传统监控矩阵＋光端机的模式，其最大优点在于充分利用了网络资源，实现了远距离、大范围监控，传输距离无界限，图像管理和调用方便，可任意扩展。但是在实际运用中，其缺陷也是显而易见。

（1）图像压缩导致图像质量大幅度下降，不能适应高速公路高清监控的需求；

对于前端图像采用 MPEG2 或 MPEG4 的压缩方式（4M 或 2M 图像质量），图像质量大幅度降低，不能满足高速公路交通监控对图像质量的要求，更不能适应交通智能分析等高科技手段的运用。

（2）全 IP 网络传输和控制，网络延时、网络不稳定性难以提供 QoS 保证。

全网视频图像通过 IP 网络进行传输和控制，众多的网络设备和网络的不稳定造成控制的不稳定或时延，不能适应高速公路交通监控及时性和准确性的需求。

基于 IP 的全数字压缩方案是网络技术快速发展并不断延伸的产物，它适用于数据量小，对图像质量、安全性和实时性要求不高的场合，与高速公路交通监控及时发现问题和快速解决问题的需求是不相符的，也不能满足省域联网交通监控系统建立智能化路网监测系统的建设目标，更无法实现省域联网视频监控系统高清监控的目标。

3 方案设计

新一代的省域联网视频监控方案不仅要解决传统模拟数字混合方案由于视频多级传输多次 A/D 转换所带来的视频损耗问题和由于设备众多所带来的可靠性问题；也要解决全数字 IP 网络压缩方案由于图像压缩所带来的图像质量问题和由于 IP 网络控制所带来的实时性问题和 QoS 问题（服务质量）。

新一代的省域联网视频监控方案不仅要继承网络化视频管理的便利性，更要继承无压缩图像的高质量，实现全网视频图像的数字化、网络化、智能化和平台化的监控和管理。

基于光纤网络的 BVx 全数字联网监控系统，提供了一个高质量无压缩的、全数字化的视频图像监控平台（如图【6】所示）。整个平台采用全光网络传输，既实现了大范围监控，又避免了多级传输多次 A/D 转换的视频损耗；既实现了网络化监控，又避免了视频压缩的图像损失；集数字矩阵、光纤传输、网络管理于一体，简单的系统结构既解决了由于设备众多带来的可靠性问题，也避免了 IP 网络控制所带来的实时性问题和 QoS 问题（服务质量）；超高画质的视频图像还为诸如面部识别、交通监控等图像智能分析提供了有力保障，充分满足高速公路行业省域联网视频监控的数字化、网络化、智能化和平台化的监控和管理需求。

3.1 从外场前端至路段监控中心

前端摄像机模拟信号经 BVx 前端接入设备 Vbox 系列转换为无压缩的数字光信号（150M 图像质量）接入 BVx 光纤网络，通过光纤网络传输，将全部图像上传至片区监控中心的 BVx 中型汇聚设备 BVx1000（如图【4】、图【5】所示）。

Vbox2800 是 BVx 系统中前端多业务接入设备 Vbox 系列产品中应用最为广泛的产品之一，最大可接入 4 路视频，多路数据、音频、以太网及电话等多业务接入能力。Vbox2800 可以在单纤上实现最大 64 路，可交换 16 路的链路、环型（自愈）等多种拓扑组网结构，同时网管系统可实现在线监测和远程维护功能。

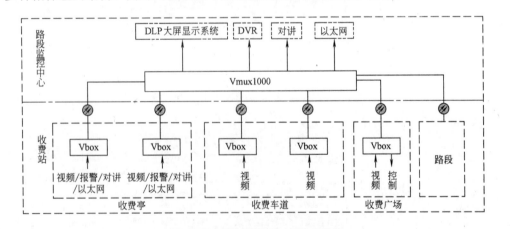

图【4】【收费站监控结构图】

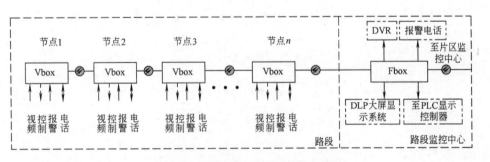

图【5】【路段外场监控结构图】

3.2 路段监控中心至片区监控中心

路段中心的 BVx 中心汇聚设备 BVx1000 将全部图像上传至片区监控中心的 BVx 大型汇聚设备 BVx3000。整个传输过程基于 BVx 系统通过一芯或两芯光纤自行构建的光纤网络。各片区监控中心作为整个 BVx 光纤网络的关键节点对下级各路段监控中心上传的无压缩数字视频图像进行统一监控和管理，同时也将视频图像通过光纤网络共享给省监控中心和其他片区监控中心。

片区监控中心采用集数字矩阵、光纤传输、网络管理于一体的 BVx 大型汇聚设备 BVx3000，单机箱最大拥有 640 路视频输入，320 路无压缩的全交叉矩阵切换输出能力（256 路正向视频，64 路反向视频）；同时还具备视频环路输出功能，使视频录像不占用视频输出资源。BVx3000 这种高质量、大容量视频输出的特性使全网视频图像获得了充分的共享和利用，不仅满足了多用户的不同需求，还使片区监控中心成为整个片区真正的管理中心和设备中心。

1）片区监控中心成为整个片区真正的管理中心、设备中心和区域视频信息发布中心；

2）大容量的视频接入能力可以全部接入管辖路段所有图像，进行集中管理和存储；

3）大容量的视频输出能力提高了图像共享能力以满足多种用户的多层应用需求；

4）各路段作为片区中心的分控中心，既扩大了监控范围又简化了设备投入和维护；

5）无压缩高质量的视频图像可以满足交通监控智能分析的特殊行业需求。

3.3 省监控中心

省监控中心和各片区监控中心从全省联网交通监控的设计思路出发，综合考虑业务需求、管理效率、投资成本、合理间距、地域划分等因素，通过集数字矩阵、光纤传输、网络管理于一体的 BVx 大型汇聚设备 BVx3000 产品，经一芯或两芯光纤搭建全网图像资源共享的自愈环网或交叉环网（64 路双向自愈，最大 128 路单向视频环网），构成了基于光纤网络的 BVx 全光数字视频联网监控平台。

在整个视频联网监控平台上，省中心拥有最高权限，可调看全网图像，并能够同时将任意 64～128 路的高质量无压缩的数字视频输出到大屏或电视墙。

高速公路视频监控系统（二）	图号
博康安防	AF4-7

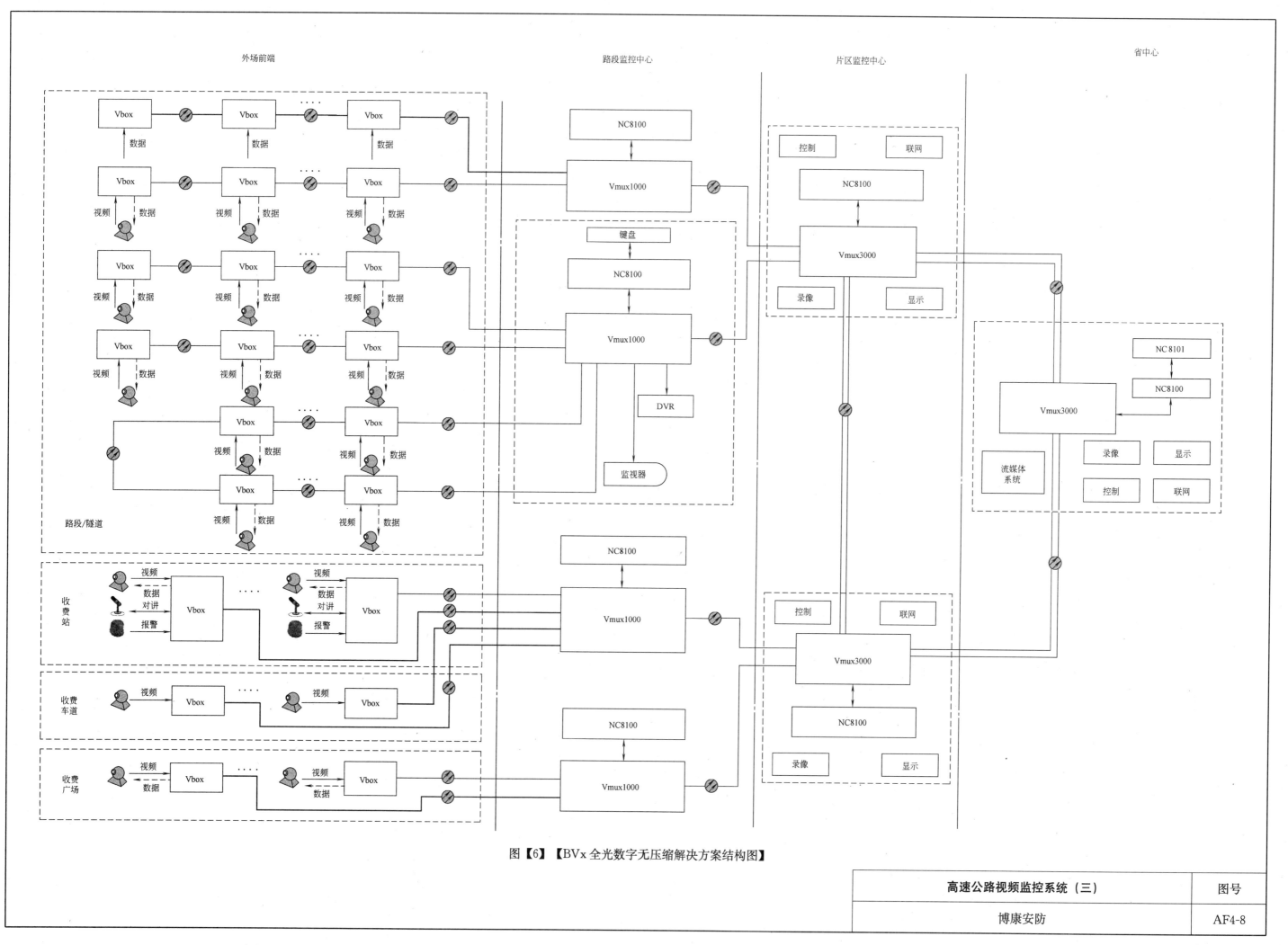

图【6】【BVx 全光数字无压缩解决方案结构图】

高速公路视频监控系统（三）	图号
博康安防	AF4-8

交警视频监控系统（一）

1 总体概述

1.1 城市智能交通行业背景介绍

随着城市的飞速发展，交通行业面临的压力越来越大。市政建设通过不断的实施改造路网、拓宽路面、增添交通设施以及道路建设等措施来缓解日益增大的交通压力。而城市智能交通监控系统作为协调交通、减少事故发生的重要手段更是越来越受到人们的重视，在近几年得以迅速的发展。

1.2 交警行业视频监控现状分析

交警行业现有的监控系统通常由多个子系统组成，主要包括交通电视监控子系统、车辆旅行时间检测子系统、交通事件检测子系统、交通流量检测子系统、交通诱导显示屏子系统、交通违章检测子系统、交通信号控制子系统等。各系统基本上是独立设计和建设的，依据各自的信号传输类型，选择不同形式的电信通信服务种类，分别以不同的传输方式进行前端与中心的通信，租用不同形式的通信网络（如图【1】所示）。每年这些通信链路的租用费占用了交通管理系统的大笔资金。同时由于受到电信租用链路的局限，某些子系统无法保证向控制中心提供实时的、良好的交通信息，使交通管理中心难以对整个交通监测及控制系统进行统一的管理，在一定程度上制约了城市交通智能化管理的实现。

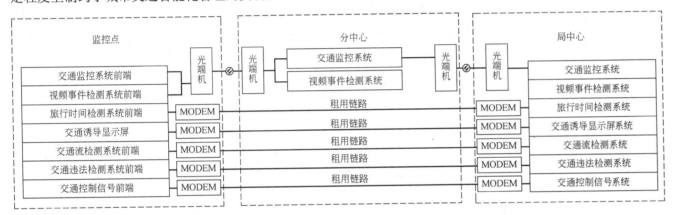

图【1】【交通监控系统通信结构图（现有）】

2 需求分析

2.1 传输链路的优化整合

采用博康研发的 BVx 产品可在省域范围内搭建一套视频综合业务接入系统，即：对现有的交通监测及控制系统的传输链路进行优化整合，充分利用现有通信资源，在已建交通电视监控系统传输光缆网络的基础上，建立起一套多业务、多系统、多功能、实时高效的综合接入通讯网络平台（如图【2】所示）。达到合理优化配置，减少重复投资，提高管理水平，发挥最大效益的目的，实现真正意义上的城市智能交通！

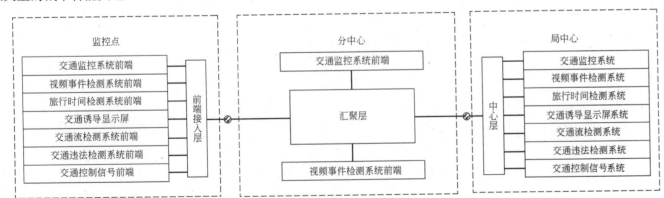

图【2】【交通监控系统通信结构图（整合后）】

2.2 监控资源整合

在市局、县分局、交警支队等单位建立相应的综合业务处理平台。

1）采用博康公司 BVx 产品中的 Vbox 系列产品做为多个子系统前端的统一接入设备；
2）兼容多种控制协议，实现对原有监控点摄像机的控制，保障客户的前期投资；
3）制定统一的报警接口规范，实现对外部报警信号（事故等）的接入及处理；
4）实现报警联动、当某处出现报警时切换此处图像；
5）制定统一的接口规范，与电视监控、车辆旅行时间检测、事件检测、交通流量检测、交通诱导显示、违章检测、交通信号控制等子系统衔接；
6）由于目前监控系统的设备及方案众多，为了将来便于整合各种资源，对于交警监控系统的建设提出指导性规范意见。

2.3 监控资源共享

在市局、县分局、交警支队这三级部门，把通过整合的监控资源数字化，进行存储、传送。实现在公安网上任意一点，通过认证、授权后可以调阅、查询、控制任意监控点的信号，实现监控到桌面。

3 系统建设

3.1 监控网络平台建设

交警监控资源的接入主要为建设两个网：市局至区县交管局的主干网；交警支队至区县交管局的接入网。在这两个网上实现语音、数据、图像"三网合一"的综合业务接入及传输功能。这两个网络主要由通信设备组成，依据先进性、可靠性、安全性、良好的业务扩展能力等原则建设。

3.2 图像资源的共享平台

图像资源共享平台的建设分为三部分：图像信号的存储、发送平台；图像信号在网上的实时传输平台；监控路口、路段至区县分局至市局的低延时（小于10ms）、高品质图像互传平台。

1）上级可调看下级单位的图像；
2）同级单位之间可互相调看图像；
3）不同单位之间可互相调看图像；
4）不同区域之间可互相调看图像；
5）下级可调看上级单位的图像，例如在出现紧急状态或重要事件时，可以在经授权后，通过视频矩阵调看、控制全市范围内的任意一路图像。

3.3 系统结构

根据交警行业各监控子系统前端分布的实际情况（监控点分散、面积广阔），我们准备采用环网加星型网结合的网络结构，以市交管局为中心节点，以县区交管分局为接入传输节点，搭建BVx全数字光纤网络监控平台（如图【3】所示）。该系统拥有强大的多业务接入能力，中心节点40G的背板交换能力可以支持256路非压缩视频同时上屏幕（分中心32路）可满足绝大多数客户需求。汇聚设备 Vmux3000、Vmux1000 以及前端接入设备 Vbox2800 都支持所有的网络拓扑结构，可以大量节约光纤资源。自愈环型的网络结构更可以有效的保障系统的高可靠性。

交警视频监控系统（一）	图号
博康安防	AF4-9

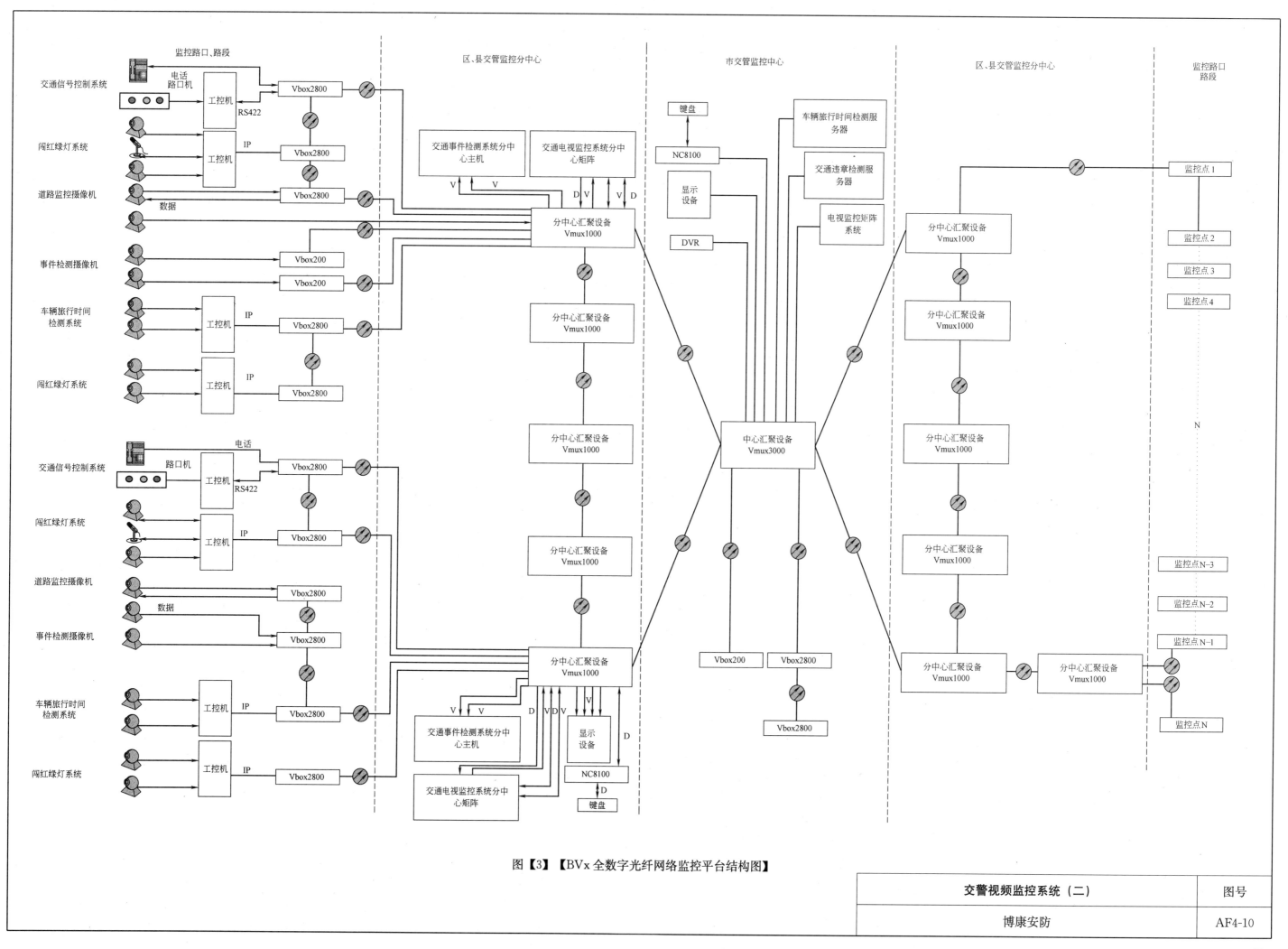

图【3】【BVx 全数字光纤网络监控平台结构图】

交警视频监控系统（二）	图号
博康安防	AF4-10

机场视频监控系统 (一)

1 总体概述

1.1 机场背景介绍

进入新世纪,中国民用航空面临着巨大的发展机遇,机场作为航空客运、货运这样一个重要的综合性交通枢纽,其安全、稳定性显得极其重要,而且伴随着近年来各类空难事故频繁发生,世界各地都将航空和机场安全提到了最高警戒级别,机场的安全建设,尤其是作为机场安全防范系统的基础系统——视频监控系统建设,被提到前所未有的高度。

1.2 机场监控的目的

由于机场安全主要来自三方面的威胁:建筑和周界是否安全、来往人员是否安全以及货物是否安全。所以,机场的视频监控需覆盖整个机场运营系统,监视摄像点大多安装在候机厅、安检通道、登记口、电梯、周界、停机坪和建筑物顶层。这样一来,视频监控系统能直接对现场的情况进行监视,其他防范系统可以将各自探测感知的报警信息传递给视频监控系统,进行信息共享和联动反应,及时调配人员和设备,对报警现场的实际情况做综合处理。

2 需求分析

机场的面积区域一般都比较广阔,分散的建筑和设施也比较多,如果是现代化的大型国际机场则会拥有多个候机大楼、多条主跑道和停机位、复杂的场内交通道路和相应的配套设施,需要监视的摄像点数量多,一般有几百路。

由于机场本身的重要地位以及其运营特性,诸如客货流动量大,飞机起降量大,覆盖面广等,所以空防安全和地面安全,内部安全和周界安全对视频和控制都要求实时准确、传递迅速。

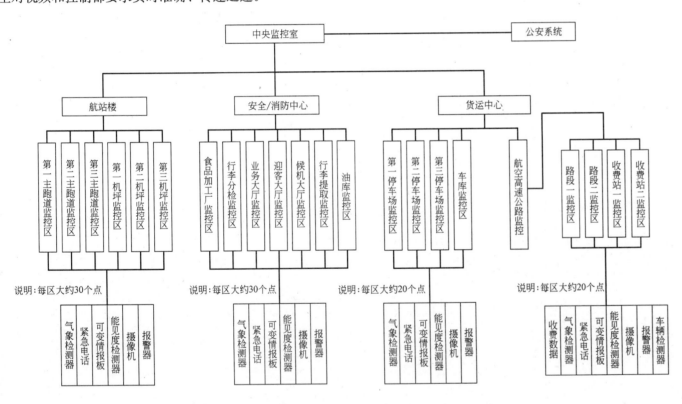

图【1】【机场图像监控管理模式图】

机场的安全防范系统应是一个综合性的多功能的监控系统,由于建筑分散且相距较远,根据管理和职能的划分,监控系统会被安装在各处,形成相对独立的监视管理平台,但由于机场的特殊性,还需要将各子系统组成一个物理和逻辑资源共享的完整系统,由具有最高控制级别的监视指挥中心对分散的子系统进行全局统一管理。

机场关口作为对外开放的进出口岸,设有多个政府部门协同办公,国内机场均设有管理和保障部门、政府有关部门的派出机构以及各航空公司、银行、电信等,大范围的安全管理比较复杂,同时还有各部门工作流程相互关联,有交叉管理的需要,需要给相关部门提供方便快捷的异地图像浏览和管理(如图【1】所示)。

3 方案设计

新型机场视频监控方案不仅要继承网络化视频管理的便利性,更要继承无压缩图像的高质量,实现全网视频图像的数字化、网络化、智能化和平台化的监控和管理(如图【2】所示)。

3.1 BVx 全光数字无压缩解决方案

博康公司的 BVx 全数字联网监控系统,提供了一个高质量无压缩的、全数字化的视频图像监控平台。该方案集数字矩阵、光纤传输、网络管理、监控媒体终端于一体,构建了显示清晰、存储可靠、使用方便的全光视频监控系统,超高画质的视频图像还为诸如面部识别等图像智能分析提供了有力保障,非常适合机场这种大规模密集视频监控的应用,凭借系统所采用技术的领先性和系统扩展性,能够良好的支持未来的智能化机场综合安防系统。

1) 从前端~前端监控中心~区域监控中心:

前端摄像机模拟信号经 BVx 前端接入设备 Vbox 转换为无压缩的数字光信号(150M 图像质量)接入 BVx 光纤网络,再经前端监控中心的 BVx 中型汇聚设备 Vmux1000 将图像上传至区域监控中心的 BVx 大型汇聚设备 Vmux3000。整个传输过程基于 BVx 系统通过一芯或者两芯光纤自行构建的光纤网络。

2) 从区域监控中心~中央监控室:

总控室和各区域监控中心从整个机场视频监控的设计思路出发,综合考虑业务需求、管理效率、投资成本、合理间距、地域划分等因素,通过集数字矩阵、光纤传输、网络管理于一体的 BVx 大型汇聚设备 Vmux3000,经一芯或者二芯光纤搭建全网图像资源共享的自愈环网或交叉环网(64 路双向自愈,最大 128 路视频环网),构成了基于光纤网络的 BVx 全光数字视频联网监控平台。

在整个视频联网监控平台上,拥有最高权限,可以调看全网所有图像,并能够同时将任意 128~256 路的高质量无压缩的数字视频输出到大屏或电视墙。

3) 从总控室至公安局:

公安局通过一芯或者二芯光纤跟总控室联网,任意同时调看、控制整个机场 16 至 32 路视频图像,并能够通过权限设置,视具体要求而设置公安局与总控室之间的权限大小。

机场视频监控系统 (一)	图号
博康安防	AF4-11

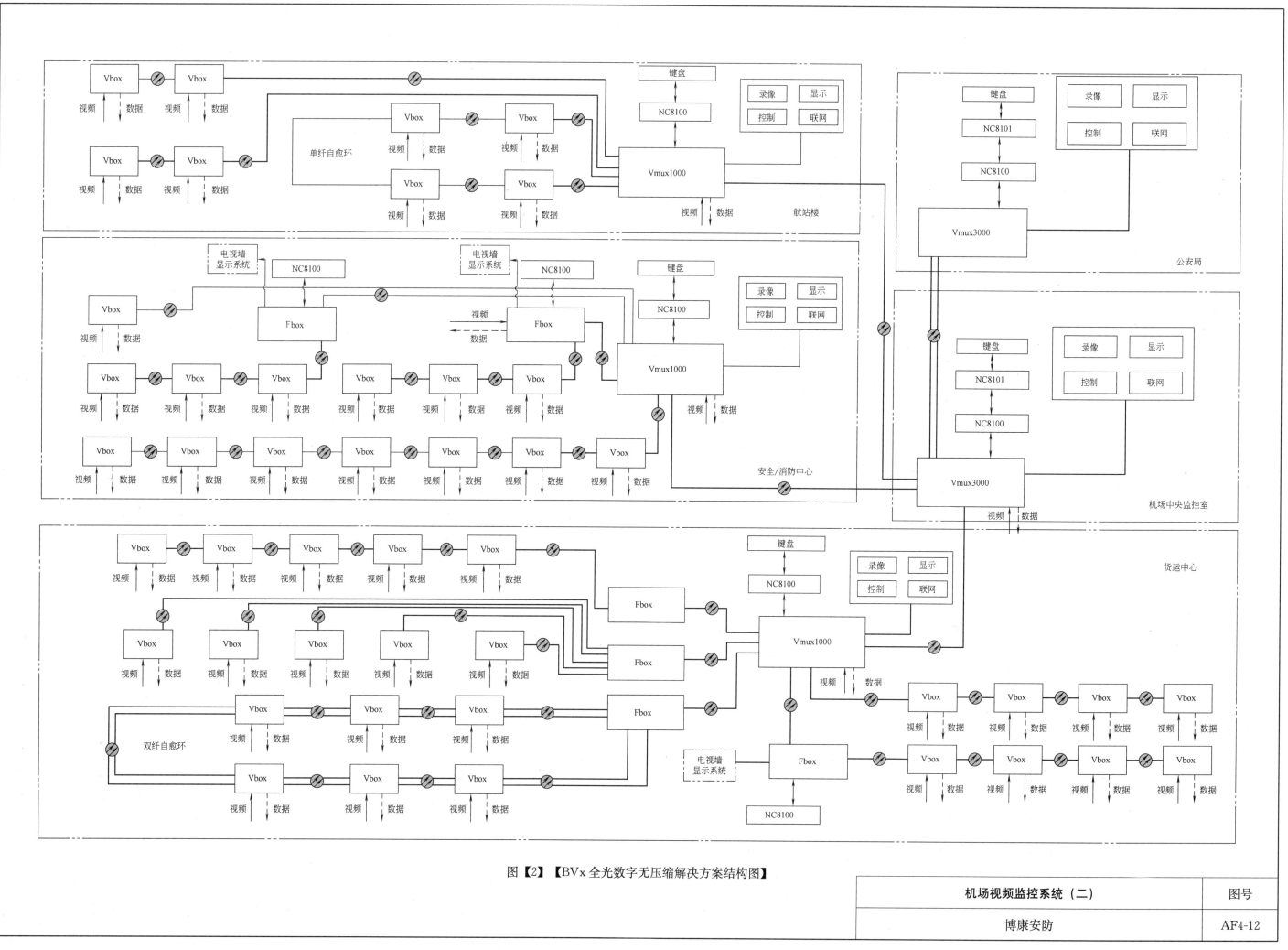

图【2】【BVx全光数字无压缩解决方案结构图】

机场视频监控系统（二）	图号
博康安防	AF4-12

监狱视频监控系统（一）

1 总体概述

1.1 监狱图像监控行业背景介绍

由于资金和技术的限制，我国信息建设还是相对落后的，现有信息化硬件平台落后，信息化软件平台缺乏统一标准，系统内行业业务软件平台缺乏，因此信息化建设困难重重。随着国家相关主管机构对监狱行业信息化建设重视程度的不断提高，监狱系统陆续在政策、财政上取得了不同程度的倾斜，这为监狱系统信息化建设的开展提供了必要的保障，也极大地吸引了业界的关注，使得行业的信息化建设在内容和质量方面都将面临很大程度的提高。

1.2 监狱图像监控行业发展趋势

图像监控系统通过对监区内重点区域全天候监控，实现在第一时间对事件作出快速反应，并提供事件发生前后一定时间内的资料查证，此外，采用监控远程传输技术实现与省/市监狱管理局监控中心图像监控系统联网，为监狱的管理工作提供更有效的管理手段，大大减轻监管人员的压力，提高管理的效率和质量。在高新技术数字化发展的今天，"多媒体、数字化、全方位"是监狱系统对电视监控系统的新要求，也是充分发挥监控系统的作用，实现"向科技要警力"的途径。

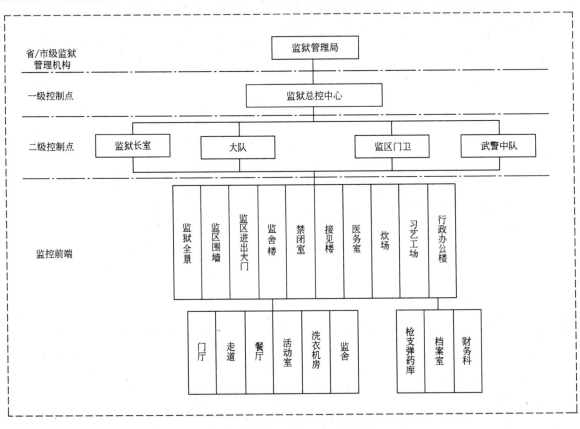

图【1】【监狱图像监控三级管理模式图】

2 需求分析

监狱视频监控系统总体方案自上而下采用市监狱管理局——监狱总控中心（一级控制点）——监狱分控中心（二级控制点）三级管理模式（如图【1】所示），为监狱的管理工作提供更有效的管理手段，大大减轻监管人员的压力，提高管理的效率和质量。

2.1 监狱管理局信息中心

监狱管理局是省级刑罚执行职能部门，负责对全省监狱工作的管理和指导，创建和管理现代化文明监狱。将监控信息的管理并入狱管部门统一的办公平台中，由监狱管理局实现统一管理，能充分实现信息共享、远程调度，提高管理效率。

2.2 总控中心

总控中心为一级控制点，负责本监狱设备的统一配置、维护、监控、管理，可控制全狱每一个监控点和分控中心。

2.3 分控中心

监狱长室、大队、监区门卫和武警中队为二级分控点，完成对其下属辖区内的前端监控点管理。

1）监狱长室分控点控制权限同总控室。
2）大队分控点控制全大队下属中队的监控点以及对禁闭室的监控。
3）监区门卫分控点控制大门进出、监区围墙的监控点和电网报警系统。
4）武警中队分控点控制权限同监区门卫。

2.4 监控点

1）监狱全景；2）监区围墙；3）监区进出大门；4）监舍楼内的门厅、走道、餐厅、活动室、洗衣房、监舍（每个中队设1—2个监控点）；5）禁闭室（全方位）；6）接见楼；7）医务室；8）炊场；9）习艺工场；10）行政办公楼内的枪支弹药库、档案室、财务科。

3 方案设计

采用博康公司的BVx光纤网络监控平台进行方案设计，系统建设更有效整合了各种技术资源与手段，使得监狱具有更全面、更有效、更综合的安全技术防范能力，为监狱的安全管理提供技术保障。根据监狱监控特点，系统设计采用星型网络拓扑结构进行图像、语音和数据网络的建设（如图【2】所示）。

3.1 监控点至分控中心

在监狱的重点区域需要设监控点，将图像、语音、报警、门禁、广播等多功能业务，通过BVx多业务平台接入并传输。前端图像信号采用模拟方式直接接入（离分控距离比较近的监控节点），或通过构筑在主干光纤网之上的BVx传输平台，通过前端接入设备Vbox，以总线型或环网接入方式，将前端图像信号传送至各自分控中心的Vmux1000进行汇聚。

3.2 分控中心至总控中心

总控中心为一个监狱的最高管理权力机构，为一级监控中心，完成对整个监控系统全部监控点的图像信号的监看和管理。各分控中心的图像信号输入至分控的Vmux1000接入单元，同时经过选路输出若干路图像进入BVx传输系统，数字化的图像信号转化为光信号分别复用在1~2芯光纤上进行传输，至总控中心的Vmux3000进行汇聚。同时，系统接受来自主控键盘、安防集成平台、分控键盘、PC监控终端的请求，完成对前端监控点图像的切换、调看、记录，能够同时将任意256路的高质量无压缩的数字视频输出到总控中心的大屏或电视墙。

同时，总控中心可以利用内部狱政网，建设一套基于博康BVG视频网络的流媒体系统，提供权限用户对监控图像的查看、检索、控制、存储，完成监狱最高权力机构的灵活控制和管理。

3.3 总控中心至监狱管理局

监狱管理局对全市监狱监控的设计思路出发，综合考虑业务需求、管理效率、投资成本、合理间距、地域划分等因素，通过集数字矩阵、光纤传输、网络管理于一体的BVx大型汇聚设备BVx3000，构建基于光纤网络的BVx全光数字视频联网监控平台。在整个视频联网监控平台上，监狱管理局拥有最高权限，可以调看全网所有图像。

监狱视频监控系统（一）	图号
博康安防	AF4-13

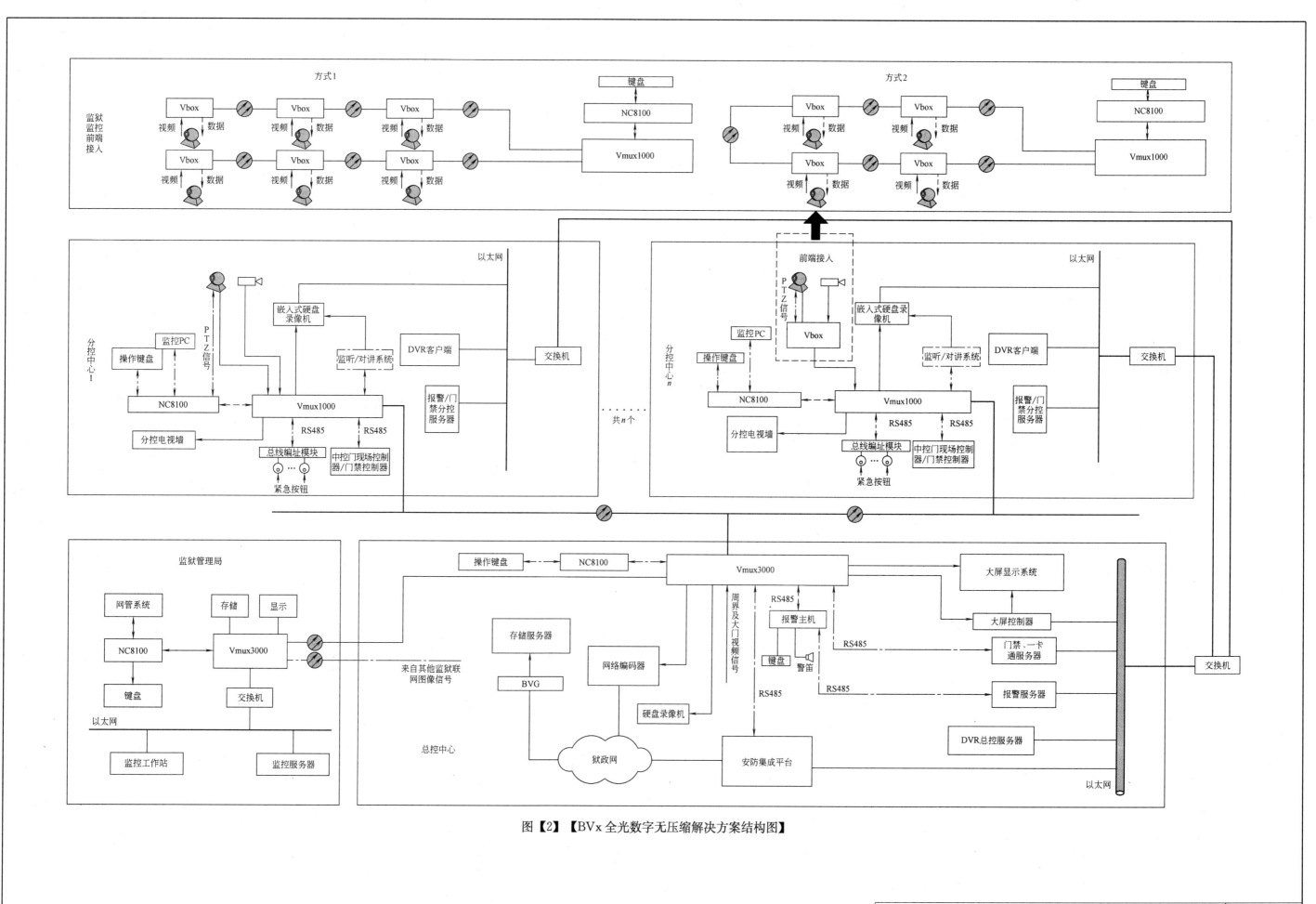

图【2】【BVx全光数字无压缩解决方案结构图】

监狱视频监控系统（二）	图号
博康安防	AF4-14

SAFTOP 国际有限公司
ASIMS4000 系统简介

1 ASIMS4000 系统概述

美国 SAFTOP 公司生产的 ASIMS4000 门禁安全与综合控制集成管理系统（Access Security and Controls Integrated Management Systems）是把报警系统、闭路监控、空调控制、风机控制、灯光控制、电梯控制等与一卡通的各个子系统真正融合到一个系统平台上进行控制与管理，有着无可比拟的优越性，在实用性、可靠性、先进性、可持续发展性、经济性、开放性等方面都有着独特的设计理念；特别是在大型的分布式多系统协同工作方面有着突出的优点和性价比。该系统的网络拓扑图如下：

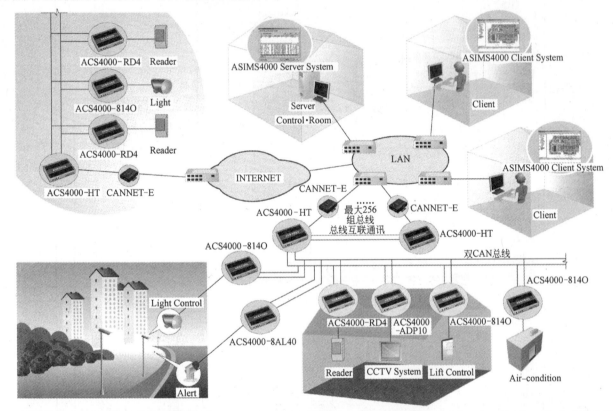

ASIMS4000 系统的控制部分由控制主机（ACS4000-HT）、读卡控制器（ACS4000-RD）、输入/输出控制器（ACS4000-IO）[可配置为灯光控制、窗帘控制等]、报警控制器（ACS4000-8AL40）、电梯控制器（ACS4000-LF）、风机盘管控制器（ACS4000-AC）、红外遥控设备控制器（ACS4000-IR）等组成。这些控制器均装备了功能强大的 PHILIPS 32 位 ARM 处理器，取代了大部分产品需要在电脑上的操作；即使电脑关机，所有控制功能都能在控制器的管理下完成，所有事件记录会在电脑工作后由控制器上载给电脑。

ASIMS4000 的控制主机及系列控制器是世界上第一个使用 32 位处理器并装载通过美国航空航天管理局安全认证的可以在航天器上使用 uC/OS-Ⅱ实时嵌入式操作系统的安全集成控制系统，其产品在世界各地的国防、航空、医疗保险、政府、交通运输、教育、地铁、体育、银行、通信、石化等行业得到广泛应用。ASIMS4000 系统推出市场后，经过近 9 年的不断升级和完善，系统技术水平和质量已处于业内领先地位。

2 ASIMS4000 系统主要特点

2.1 高度融合统一的系统集成平台

ASIMS4000 系统构建了一个开放式架构的统一数据库平台，统一的管理软件平台，统一的通讯总线，统一通讯协议，统一设备编址，统一消息机制，统一扩展接口，统一联动设置；ASIMS4000 系统具备强大的扩展功能，无需重新布线，无需修改软件和硬件设备就可以直接在设备层 CAN 总线安装即插即用设备，只需在软件上进行简单的配置，就可以与大楼内的灯光控制、空调控制、报警系统及红外遥控的办公设备（如投影、音响）等组成一个高度融合的集成平台，所有设备可以进行全局和区域联动，如：刷卡开门的同时可以在设定的时间打开设定的灯光及其他设备；可以设定任意一个或多个事件触发报警系统。

ASIMS4000 系统同样可以与一卡通系统各种人员数据、授权数据及相关的配置数据统一数据库平台，共享数据与资源，可以根据需要与一卡通系统进行无缝集成，真正做到在一个系统内出入通行、停车、消费、身份认证等系统一卡通。同时，其他的一卡通设备可以直接与 ASIMS4000 系统共用 CAN 总线，而无需重新布线，节省了布线成本。

2.2 可靠且强大的通讯能力

ASIMS4000 采用具有高可靠、容错能力极强的高速 4 条工业级 CAN 总线组成双向通信结构；CAN 是到目前为止唯一有国际标准的现场总线，与一般的总线相比，它的数据通信具有突出的可靠性、实时性和灵活性。

ASIMS4000 是世界上首个装载分布式设备大规模专用通信软件内核，支持自动分配的多线程，具有与上万个设备同时通信的能力，可以同时支持 TCP/IP、CAN 等多种通讯总线混合组网，是一个真正做到安全性、可靠性、即时性、灵活性及大规模的工业级分布式通信组网架构。

例如一个门禁点上触发了火警联动，相关联的门禁控制器都可以通过 CAN 总线立即收到这条信息，并打开火警联动门，而无需通过工作站/服务器，可以真正做到实时全局联动；CAN 是特别设计用于电噪声很大的环境，这个环境中的报文容易被丢失或破坏，CAN 协议提供了五种错误检测和修正的方法，因此如果报文被破坏，它能够检测出来，而且网络中的所有节点会忽略这个报文，该报文会一直被传送到被准确接收为止。

2.3 强大的后台数据库管理系统

ASIMS4000 数据库系统支持 Microsoft SQL Server2000 数据库管理系统，共包括 Data、Language、Log 三个主要数据库，支持多至数百台的工作站，根据不同的授权登陆后可以进行相应权限级别及限定设备区域的限定功能的操作。

ASIMS4000 系统的数据库和为开放式接口的，与 SAFTOP OCS2000 一卡通系统为内部统一数据库，也可以与 OA 系统以及楼宇自控系统进行无缝集成；ASIMS4000 数据库是一个多平台、开放式系统，并具有高度的可靠性和优秀的可扩充性，具备完善的数据库管理功能和强大的检索功能；支持数据库引擎分组；具有逻辑内存管理的能力，支持大数据量的加载；具有多线程机制和线程优先级机制。

ASIMS4000 还针对系统的分布式管理和大数量的通讯特点，开发了专门的分布式高数据吞吐量的核心通讯模块，确保与成千上万个控制器进行分布式通讯时，保证信息的即时性和可靠性。

2.4 跨系统无限联动及多媒体电子地图导航功能

ASIMS4000 的跨系统无限联动功能是业界独一无二的，联动通过设置后无需电脑就可以实现如刷卡开门自动撤防，关灯自动布防，发生火警自动打开相应的门等操作，也可以通过联动接口发出 ASCII 码自定义指令对其他非 ASIMS4000 系统（如报警、CCTV、灯光、空调等）进行控制。

ASIMS4000 系统的另一强大的功能就是其多媒体支持功能。其实时动态电子地图及语音提示功能使得操作员通过简单培训就可以正确而高效地工作。ASIMS4000 系统的开放式系统结构使得该系统功能强大而灵活。新开发的设备将与现有的系统兼容，确保系统能够方便地进行升级换代。

2.5 强大的实时监控功能

ASIMS4000 系统可以对报警事件、异常事件、正常及异常刷卡事件进行实时监控以及打印，并具有人像对比功能；也可以按自定义事件类别进行监控，可以对各类事件进行自定义类别，对报警事件可以设定弹出画面及声光报警。

ASIMS4000 系统是以门禁控制为平台，对门禁点、报警点及其他联动设备进行控制。系统具备扩展功能，只要简单通过输入/输出点或 RS232 接口与闭路监控、报警监控、电梯控制、灯光控制、消防报警、巡更、停车管理系统等实现联动和集成。该系统的使用，将使安防、一卡通、楼宇智能控制应用等各系统有机结合起来，充分发挥设备的功能，提高安防和职能化管理控制的效率。

2.6 可与 OA 系统 BMS 系统等数据自动同步

ASIMS4000 系统可与 OA 系统、BMS 系统等数据库建立联接，进行跨平台的应用整合，自动同步人事数据、持卡人授权数据自动远程授权、考勤记录传输，以及进行会议预订、酒店预订等操作数据自动同步并完成相应的卡片授权操作。

2.7 即插即用及在线系统升级

所有设备安装完成后无需设置地址即可被系统扫描并自动添加到数据库，用户只需对设备的安装地点等进行描述即可投入使用。

ASIMS4000 系统为满足客户的定制或发展需求以及适应最新的科技发展，我们每年都推出新的升级版本。所有控制器均采用闪存技术，无需更换硬件，直接快速升级。可以选择单个控制器升级，也可以按总线广播升级，升级时可以保存用户的原始数据不被改写。

2.8 更多其他丰富强大的管理功能

更多丰富而强大的门禁报警及各种人性化的控制功能，限于篇幅在此不能一一详述。

ASIMS4000 系统简介	图号
SAFTOP 国际有限公司	AF5-1

设计施工说明

1 施工概述

本工程建筑面积 10400m²，结构形式为框架结构。主要为办公室、会议室等，采用 ASIMS4000 门禁安全与综合控制集成管理系统。

2 设计依据

《智能建筑设计标准》（GB/T 50314—2000）
《智能建筑工程质量验收规范》（GB 50339—2003）
《建筑与建筑群综合布线系统工程设计规范》（GB/T 50311—2000）
《建筑与建筑群综合布线系统工程验收规范》（GB/T 50312—2000）
《低压配电设计规范》（GB 50054—95）
《电子计算机机房设计规范》（GB 0174—1993）
《计算机场地技术要求》（GB 2887—2000）
《计算机场地安全要求》（GB 9361—88）
《计算机软件开发规范》（GB 8566—97）

3 本次设计图纸包括如下子系统

1）综合布线系统（PDS）；
2）门禁系统，报警系统，监控系统；
3）机房装修。

4 系统概述

SAFTOP 公司生产的 ASIMS4000 门禁、安全与综合控制集成管理系统（Access Control，Security and Controls Integrated Management System），以门禁控制为基础，通过采用当今先进计算机技术，将报警系统、闭路监控、空调控制、风机控制、灯光控制、电梯控制等与一卡通的各个子系统相结合，实现联动和集成，充分发挥设备的功能，提高工作和安防效率。

该系统在实用性、可靠性、先进性、可持续发展性、经济性、开放性等方面都有着独特的设计理念。

5 综合布线施工工艺

5.1 施工方法及工艺标准

各系统的施工方法及工艺标准执行下列标准规范和要求：《防雷及接地安装工艺标准》（322—1998）；《线槽配线安装工艺标准》（313—1998）；《钢管敷设工艺标准》（305—1998）；《民用闭路监视电视系统工程技术规范》（GB 50198—94）；《建筑电气安装分项工程施工工艺标准》（533—1996）；《高层民用建筑设计防火规范》（GB 50045—95）；《30MHz-1GHz 声音和电视信号的电缆分配系统》（GB 65100—86）；《30MHz-1GHz 声音和电视信号的电缆分配系统》（GB 11318—89）；《有线电视系统工程技术规范》（GB 50200—94）；《有线电视广播系统技术规范》（GY/T 106—92）；《民用建筑电缆电视系统工程技术规范》；中国工程建设标准化协会标准《建筑与建筑群综合布线系统工程设计规范》（CECS 72：97）；中国工程建设标准化协会标准《建筑与建筑群综合布线系统工程施工及验收规范》（CECS 89：97）。

5.2 主要施工工序及方法

5.2.1 施工要点

弹线定位：根据设计图确定出安装位置，从始端到终端（先干线后支线）找好水平或垂直线，计算好线路走向和线缆根据确定好施工图，标明在什么地方打孔和打多大的孔，确定水平线缆和垂直线缆的走向和根数以及线槽的尺寸。要求所用材料应平直，无显著扭曲。下料后长短偏差应在 5mm 内，切口处应无卷边、毛刺；安装牢固，保证横平竖直；固定支点间距一般不应大于 1.0～1.5m，在进出接线箱、盒、柜、转弯、转角及丁字接头的三端 500mm 以内均应设固定支持点，支、塑料螺栓的规格一般不应小于 8mm，自攻钉 4mm×30mm。

线槽安装要求：线槽应平整，无扭曲变形，内壁无毛刺，各种附件齐全；线槽接口应平整，接缝处紧密平直，槽盖装上后应平整、无翘脚，出线口的位置准确；线槽的所有拐角均应相互连接和跨接，使之成为一连续导体，并做好整体接地；线槽安装应符合《高层民用建筑设计防火规范》（GB 50045—95）的有关规定。

5.2.2 信息插座安装要求

信息插座应牢固地安装在平坦的地方，外面有盖板。安装在活动地板或地面上的信息插座，应固定在接线盒内。

安装在墙体上的插座，应高出地面 30cm，若地面采用活动地板时，应加上活动地板内净高尺寸。固定螺钉需拧紧，不应有松动现象。

信息插座应有标签，以颜色、图形、文字表示所接终端设备的类型。本系统采用 TIA/EIA 568B 标准接线。

5.2.3 线槽地面敷设

预埋线槽的铺设包括线槽、过线盒、电源和信息插座盒的铺设，在建筑物中预埋线槽的截面高度不宜超过 25mm，如果在线槽的路由中包括了过线盒和出线盒，总的截面高度宜在 70～200mm 的范围之内。预埋过线盒、出线盒应与地面齐平，盒盖处应能开启，并具有防水和抗压的性能。预埋线槽在布放缆线时的截面利用率不宜超过 50%。

5.2.4 安装桥架

线槽为封闭型的，槽盖可以开启。为了方便施工，桥架顶部距建筑物楼板不宜小于 300mm，与梁及其他障碍物间的距离不宜小于 50mm。桥架水平敷设的支撑间距一般为 1.5～3m，垂直敷设时与建筑物的固定间距宜小于 2m，距地面 1.8m 以下部分应加金属盖板保护。

金属线槽明敷时在下列情况时应设置支架或吊架：

1）线槽与线槽的连接处；
2）每间距 3m 处；
3）离开线槽两端出口 0.5m 处；
4）转弯处。

6 门禁系统施工工艺

1）门禁系统机房（与消防控制室合用）；
2）在重要场所的出入口设有门磁开关、电子门锁、读卡器、门内手动开关，对通过对象及通行的时间进行控制、监视及设定；
3）系统应具有以下功能：
（1）记录、修改、查询所有持卡人的资料，并可随时修改持卡人通行权限；
（2）监视、记录所有出入情况及出入时间；
（3）监视门磁开关状态，具有报警功能；
（4）对所有资料可按照甲方的要求按某一门、某人、某时等进行排序、列表；
（5）对非法侵入或破坏进行报警并进行记录；
（6）当火灾信号发出后，自动打开相应防火分区安全疏散通道的电子门锁，方便人员疏散。
4）现场控制器设在弱电竖井内，管线在弱电线槽内敷设，从线槽至控制模块穿（SC20）热镀锌钢管。控制模块至请求开门按钮、读卡器、门磁开关、电控锁等暗敷（SC15 或 SC20）热镀锌钢管，门磁开关、电控锁等应注意与门配合；
5）系统允许每个门可单独提供所有操作功能，系统信息通信采用标准接口及协议。

7 施工要求及注意事项

1）布线前应在每根导线两端贴上写有信息点标号的标签，且必须书写端正，清晰，标签牢固，不易脱落和褪迹。
2）线槽中的导线必须固定，不能有折弯，多束线时应摆放整齐，不得缠绕，导线发放时，不得用力过大，以免拉断导线。
3）导线在出管口、线槽口时，必须有保护，以免对导线造成损伤。
4）导线、管子、线槽周围在遇有明火作业（如电焊、氧割）时，应采取防火措施，以免灼伤和烧坏导线。
5）导线的两头应留有一定的余量：
（1）在插座出口处应留有 0.2～0.3m 的余量。
（2）在配线柜处，导线由上往下时，导线的长度应斜拉到地面的角落；导线由下往上时，应斜拉到墙顶的角落。
（3）端接超五类信息插座时，超五类线剥头露出外皮距离要尽量短，并需要顺其绞和方向多转一周，以确保端接时不破坏超五类线绞和度，以致影响其超五类传输标准。
（4）预留信息插座底插座时，在分线管入口处套上橡胶保护套或磨去接口处的快口，保证水平线引进时不被入口处的快口损伤。

设计施工说明	图号
SAFTOP 国际有限公司	AF5-2

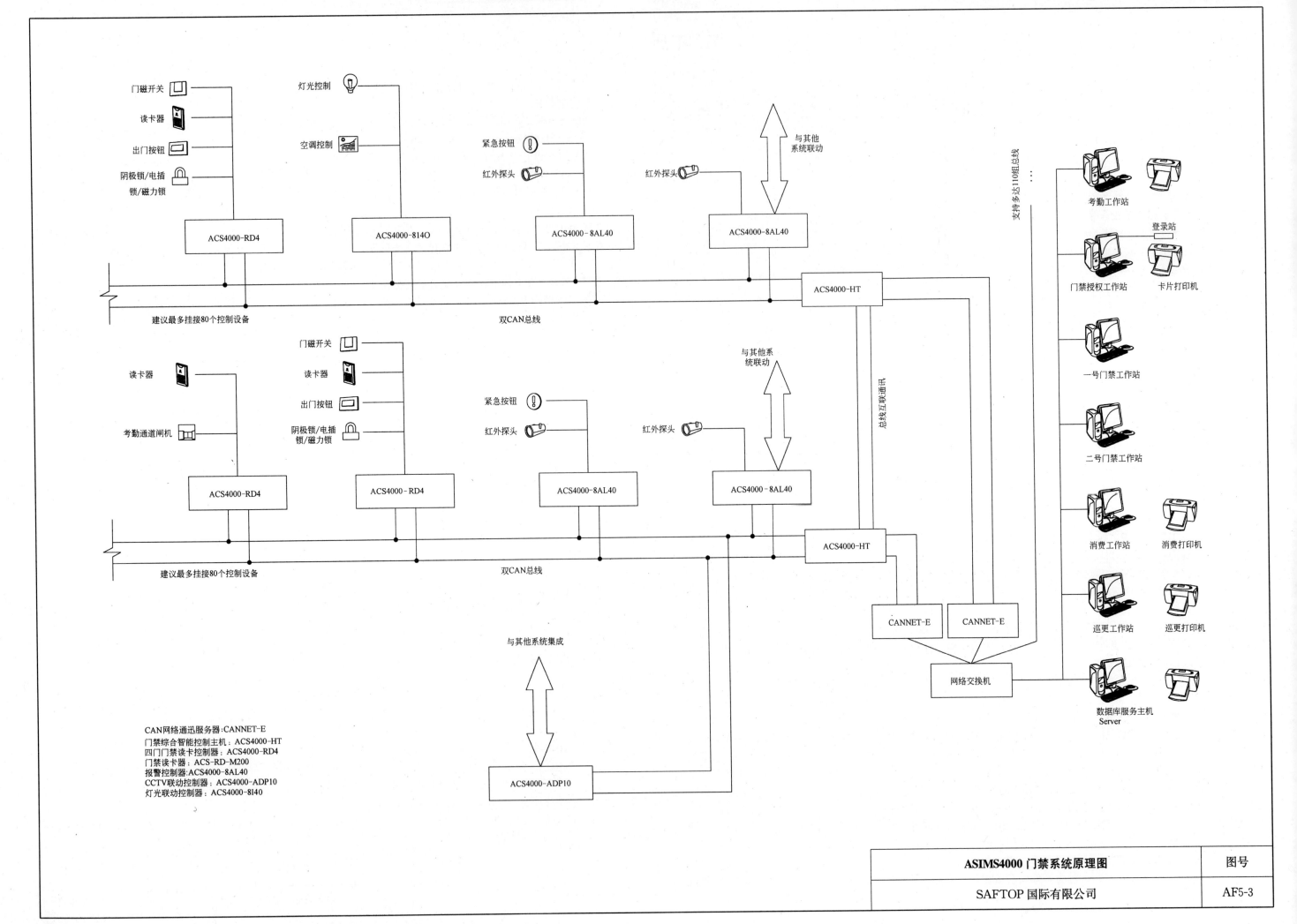

门磁开关
读卡器
出门按钮
阴极锁/电插锁/磁力锁

灯光控制
空调控制

紧急按钮
红外探头

红外探头

与其他系统联动

支持多达110组总线

ACS4000-RD4
ACS4000-814O
ACS4000-8AL40
ACS4000-8AL40

ACS4000-HT

建议最多挂接80个控制设备
双CAN总线

读卡器
考勤通道闸机

门磁开关
读卡器
出门按钮
阴极锁/电插锁/磁力锁

紧急按钮
红外探头

红外探头

与其他系统联动

总线互联通讯

ACS4000-RD4
ACS4000-RD4
ACS4000-8AL40
ACS4000-8AL40

ACS4000-HT

建议最多挂接80个控制设备
双CAN总线

与其他系统集成

CANNET-E
CANNET-E

ACS4000-ADP10

网络交换机

考勤工作站

登录站
门禁授权工作站
卡片打印机

一号门禁工作站

二号门禁工作站

消费工作站
消费打印机

巡更工作站
巡更打印机

数据库服务主机
Server

CAN网络通迅服务器:CANNET-E
门禁综合智能控制主机：ACS4000-HT
四门门禁读卡控制器：ACS4000-RD4
门禁读卡器：ACS-RD-M200
报警控制器:ACS4000-8AL40
CCTV联动控制器：ACS4000-ADP10
灯光联动控制器：ACS4000-8I40

ASIMS4000 门禁系统原理图	图号
SAFTOP 国际有限公司	AF5-3

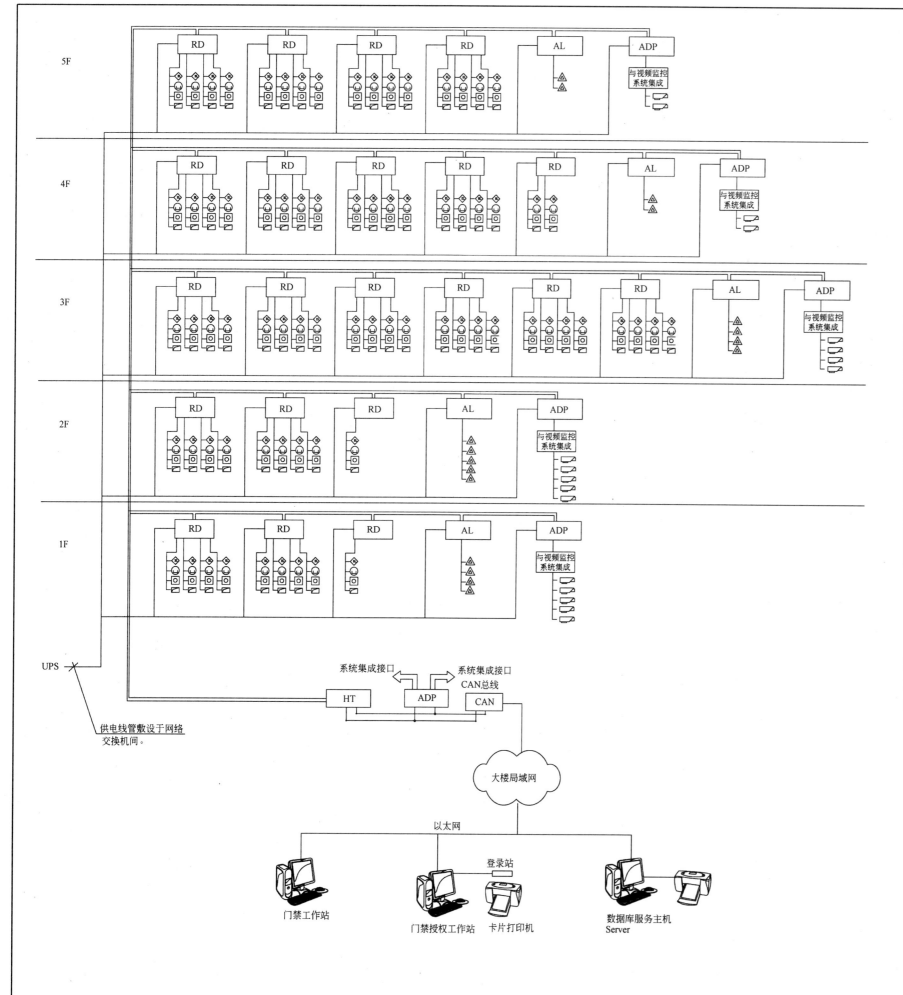

图例说明：

图 例	名 称	说 明
◈	电锁	采用8芯双绞线,由门禁控制器引出
◡	门磁	采用RVV2×0.5线缆
◎	出门按钮	采用RVV2×0.5线缆
▭	门禁读卡器	采用8芯双绞线,由门禁控制器引出
⚠	报警探头	采用RVV4×1.0线缆
▱	摄像机	采用SYV75-5线缆,电源用RVV2×1.0
CAN	网络通讯服务器	
RD	四门/二门门禁控制器	
HT	门禁综合智能控制主机	
ADP	接口控制器	

说明：
1. 采用CAN双总线、通过网络通讯服务器连接到大楼局域网；
2. 门禁控制器均安装于门禁控制箱中,控制安装于弱电井中。

ASIMS4000 门禁系统图	图号
SAFTOP 国际有限公司	AF5-4

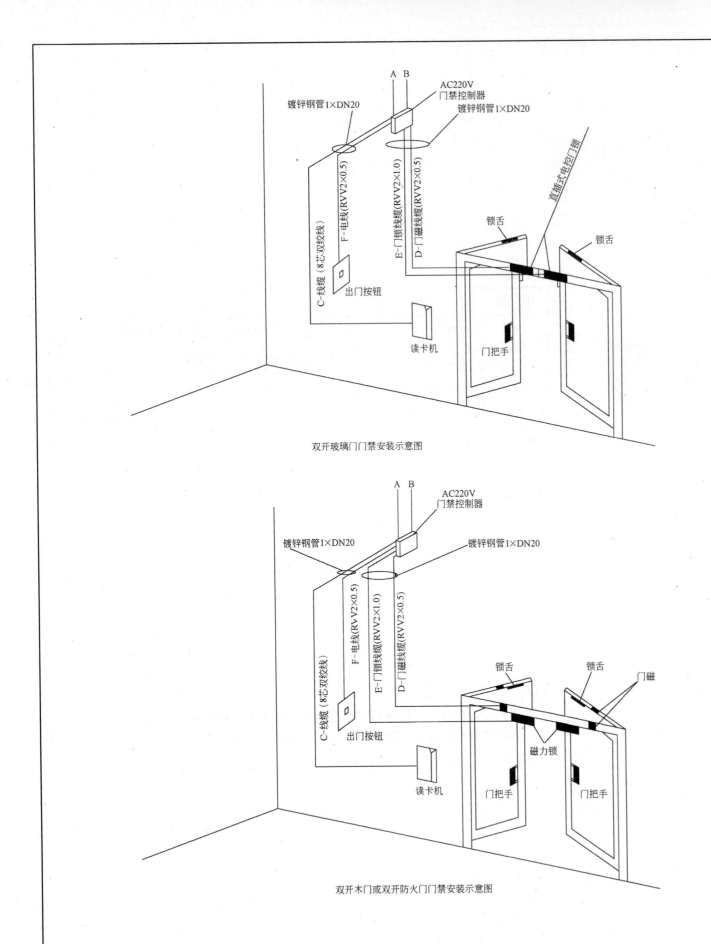

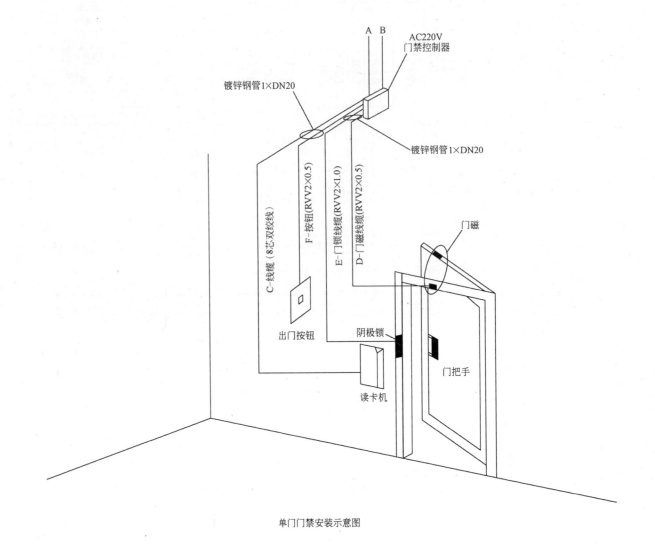

双开玻璃门门禁安装示意图

双开木门或双开防火门门禁安装示意图

单门门禁安装示意图

说明：
1. A-3 芯强电（220V，AC）电源电缆线（1.5mm），门禁控制器由主机房 UPS 统一供电；
2. B-2 芯屏蔽双绞 RS485 网络线（五类线），最大通讯距离为 1200m；
3. C-8 芯屏蔽双绞读感器线（五类线），最大距离为 100m；
4. D-门磁线采用 RVV2×0.5；
5. E-电锁电源线采用 RVV2×1.0；
6. F-出门按钮采用 RVV2×0.5。

ASIMS4000 门禁安装大样图	图号
SAFTOP 国际有限公司	AF5-5

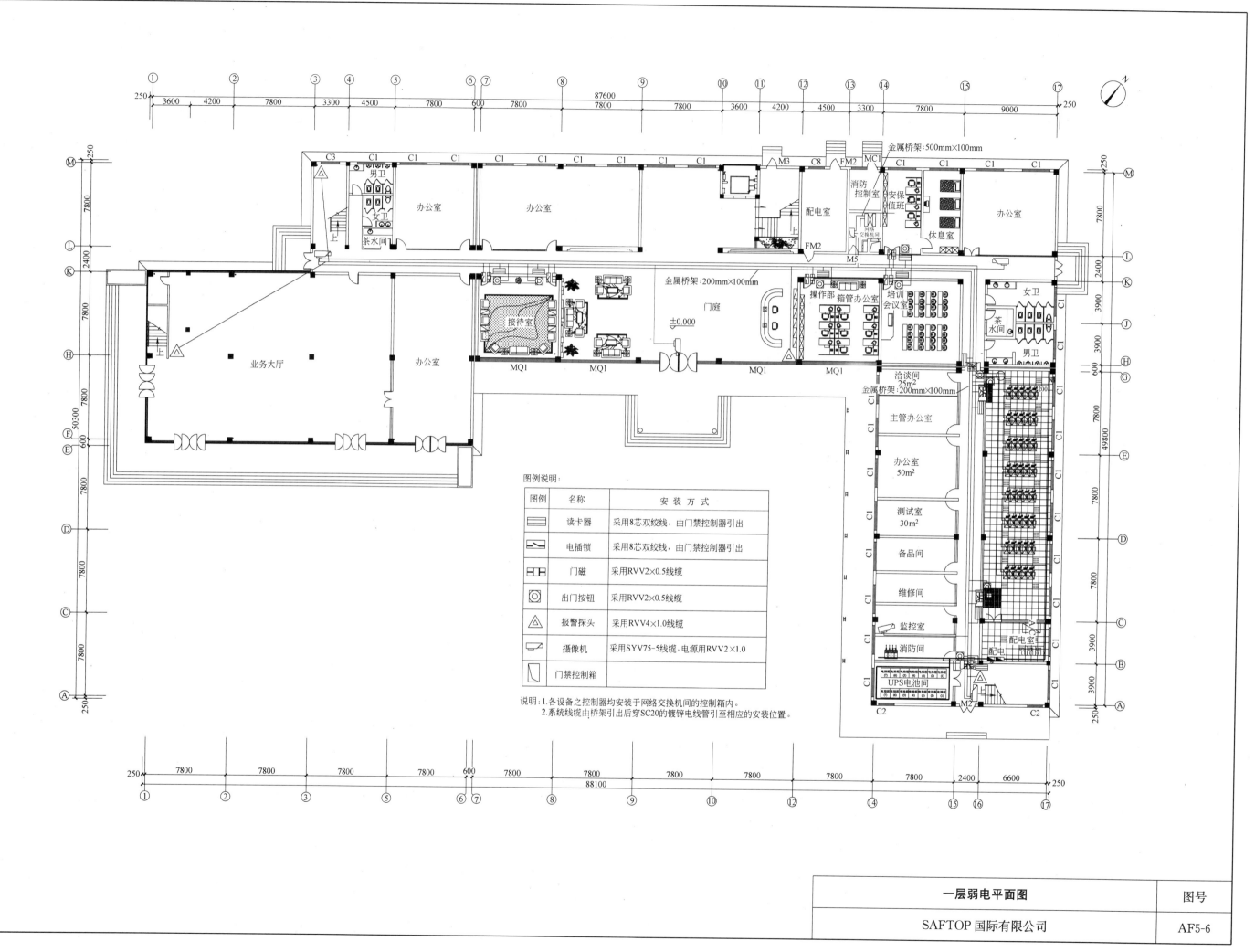

图例	名 称	安 装 方 式
	读卡器	采用8芯双绞线，由门禁控制器引出
	电插锁	采用8芯双绞线，由门禁控制器引出
	门磁	采用RVV2×0.5线缆
	出门按钮	采用RVV2×0.5线缆
	报警探头	采用RVV4×1.0线缆
	摄像机	采用SYV75-5线缆，电源用RVV2×1.0
	门禁控制箱	

图例说明：

说明：1.各设备之控制器均安装于网络交换机间的控制箱内。
2.系统线缆由桥架引出后穿SC20的镀锌电线管引至相应的安装位置。

一层弱电平面图	图号
SAFTOP 国际有限公司	AF5-6

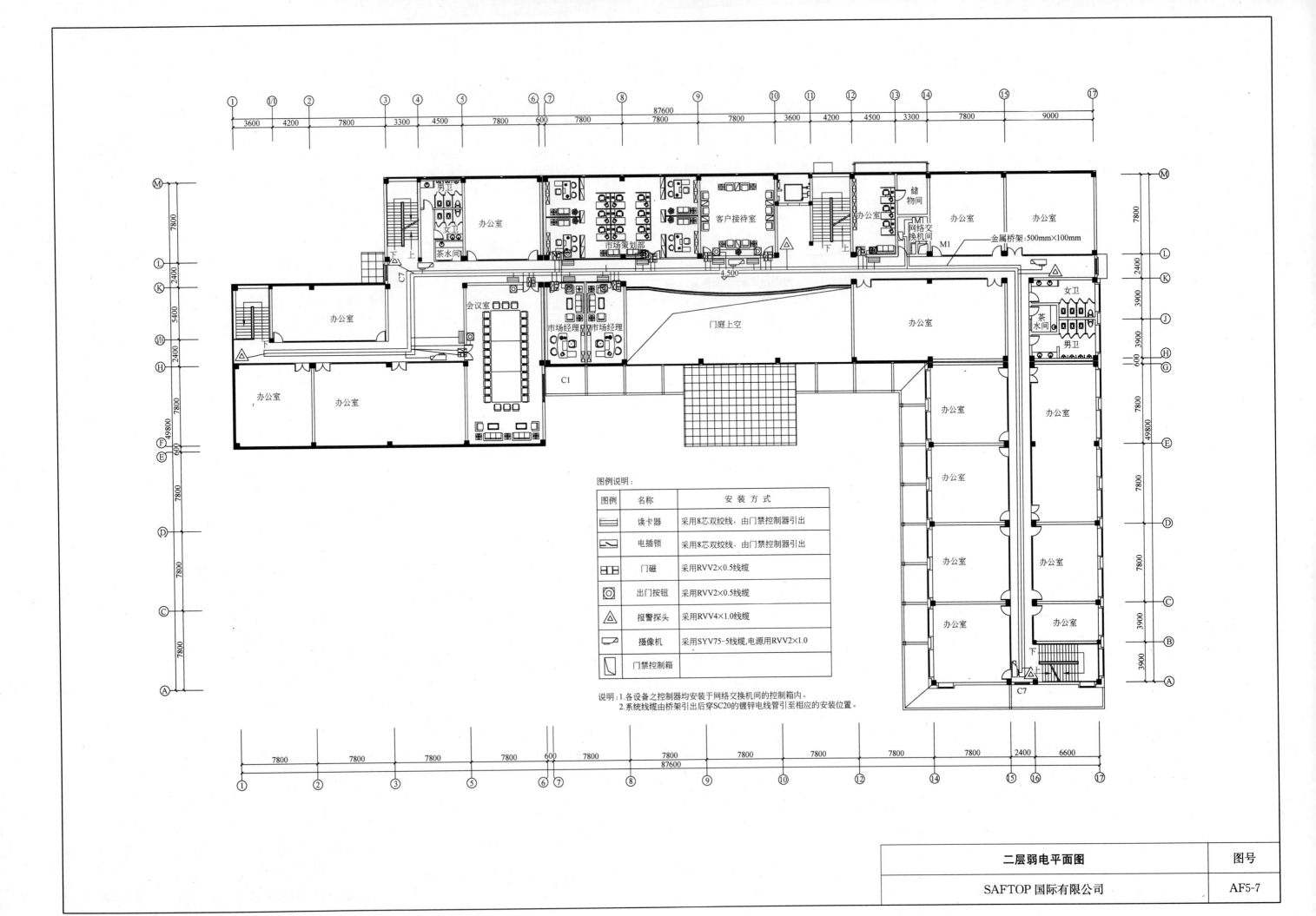

图例说明：

图例	名称	安 装 方 式
	读卡器	采用8芯双绞线，由门禁控制器引出
	电插锁	采用8芯双绞线，由门禁控制器引出
	门磁	采用RVV2×0.5线缆
	出门按钮	采用RVV2×0.5线缆
	报警探头	采用RVV4×1.0线缆
	摄像机	采用SYV75-5线缆，电源用RVV2×1.0
	门禁控制箱	

说明：1.各设备之控制器均安装于网络交换机间的控制箱内。
2.系统线缆由桥架引出后穿SC20的镀锌电线管引至相应的安装位置。

二层弱电平面图	图号
SAFTOP 国际有限公司	AF5-7

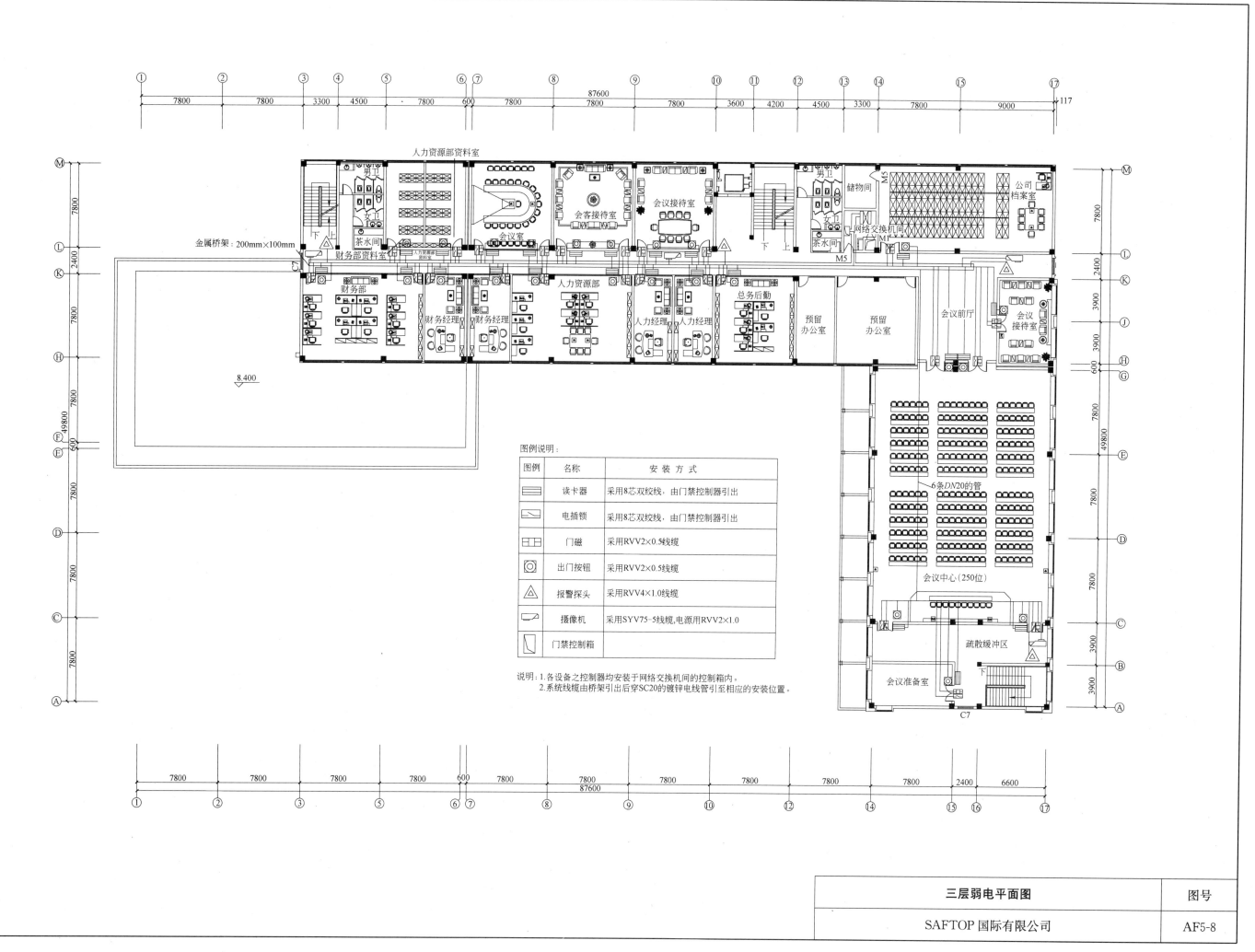

图例说明：

图例	名称	安 装 方 式
	读卡器	采用8芯双绞线，由门禁控制器引出
	电插锁	采用8芯双绞线，由门禁控制器引出
	门磁	采用RVV2×0.5线缆
	出门按钮	采用RVV2×0.5线缆
	报警探头	采用RVV4×1.0线缆
	摄像机	采用SYV75-5线缆，电源用RVV2×1.0
	门禁控制箱	

说明：1. 各设备之控制器均安装于网络交换机间的控制箱内。
2. 系统线缆由桥架引出后穿SC20的镀锌电线管引至相应的安装位置。

三层弱电平面图

图号

SAFTOP 国际有限公司

AF5-8

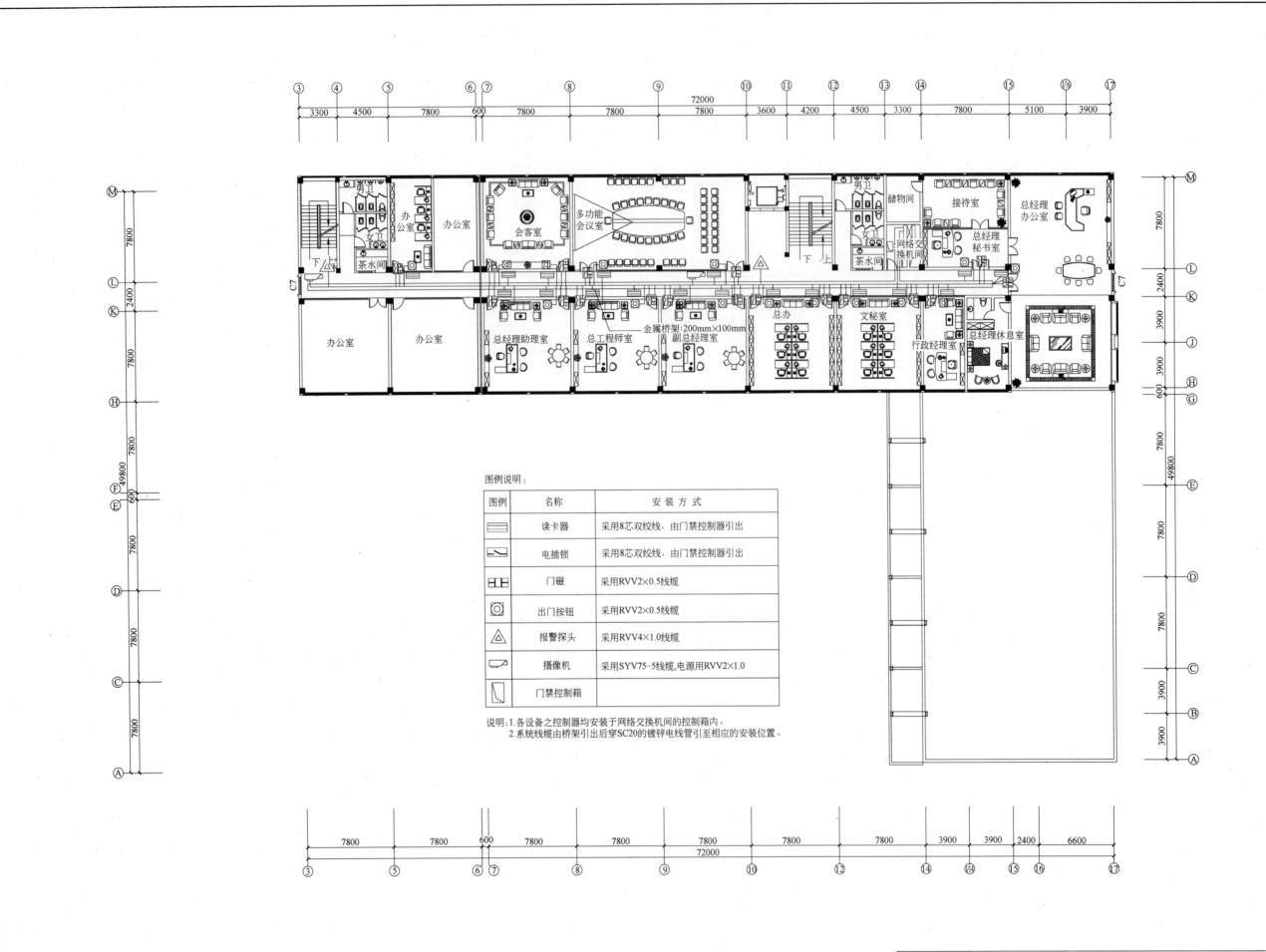

图例说明：

图例	名称	安装方式
	读卡器	采用8芯双绞线，由门禁控制器引出
	电插锁	采用8芯双绞线，由门禁控制器引出
	门磁	采用RVV2×0.5线缆
	出门按钮	采用RVV2×0.5线缆
	报警探头	采用RVV4×1.0线缆
	摄像机	采用SYV75-5线缆,电源用RVV2×1.0
	门禁控制箱	

说明：1.各设备之控制器均安装于网络交换机间的控制箱内。
　　　2.系统线缆由桥架引出后穿SC20的镀锌电线管引至相应的安装位置。

四层弱电平面图	图号
SAFTOP 国际有限公司	AF5-9

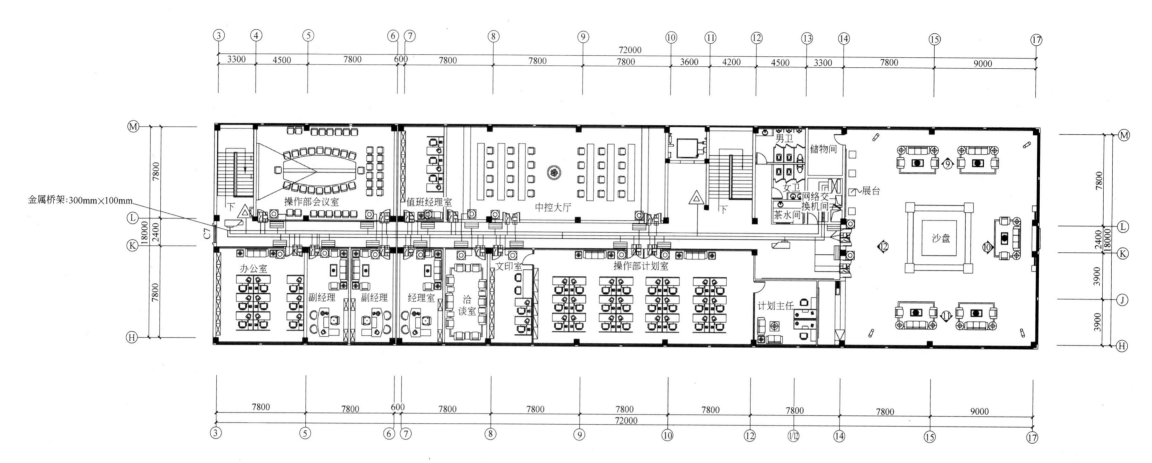

金属桥架:300mm×100mm

图例说明:

图例	名称	安 装 方 式
▭	读卡器	采用8芯双绞线,由门禁控制器引出
◹	电插锁	采用8芯双绞线,由门禁控制器引出
▐▌	门磁	采用RVV2×0.5线缆
◎	出门按钮	采用RVV2×0.5线缆
△	报警探头	采用RVV4×1.0线缆
▱	摄像机	采用SYV75-5线缆,电源用RVV2×1.0
◪	门禁控制箱	

说明:1.各设备之控制器均安装于网络交换机间的控制箱内。
　　　2.系统线缆由桥架引出后穿SC20的镀锌电线管引至相应的安装位置。

五层弱电平面图	图号
SAFTOP 国际有限公司	AF5-10

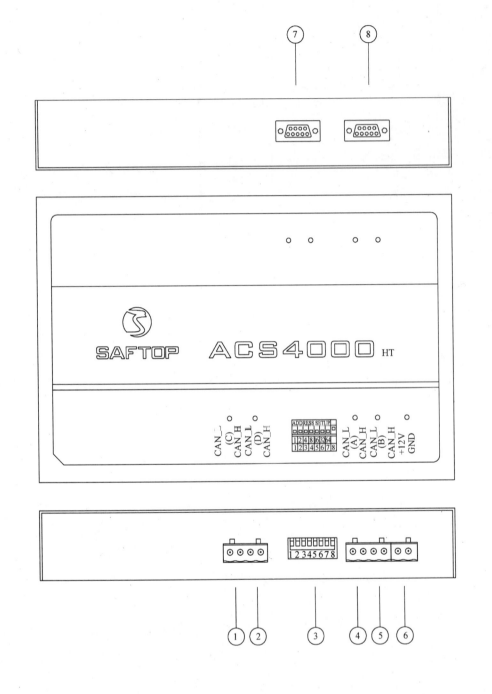

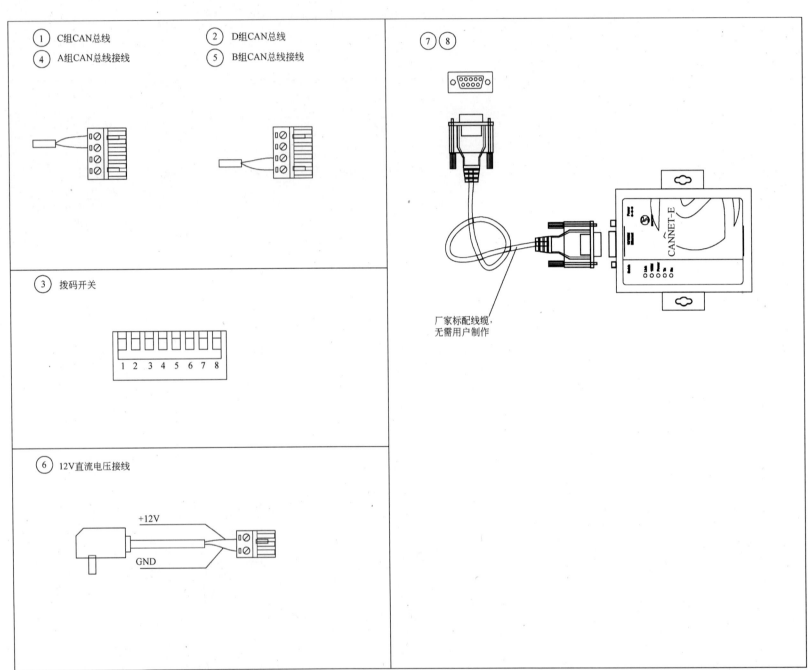

| | | ACS4000-HT 控制主机接线图 | | 图号 |
| SAFTOP 国际有限公司 | | | | AF5-11 |

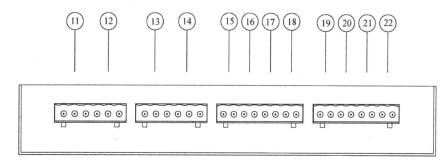

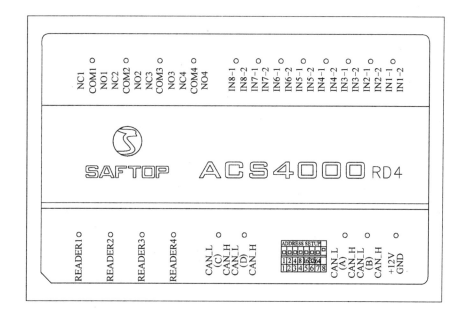

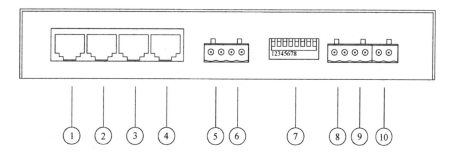

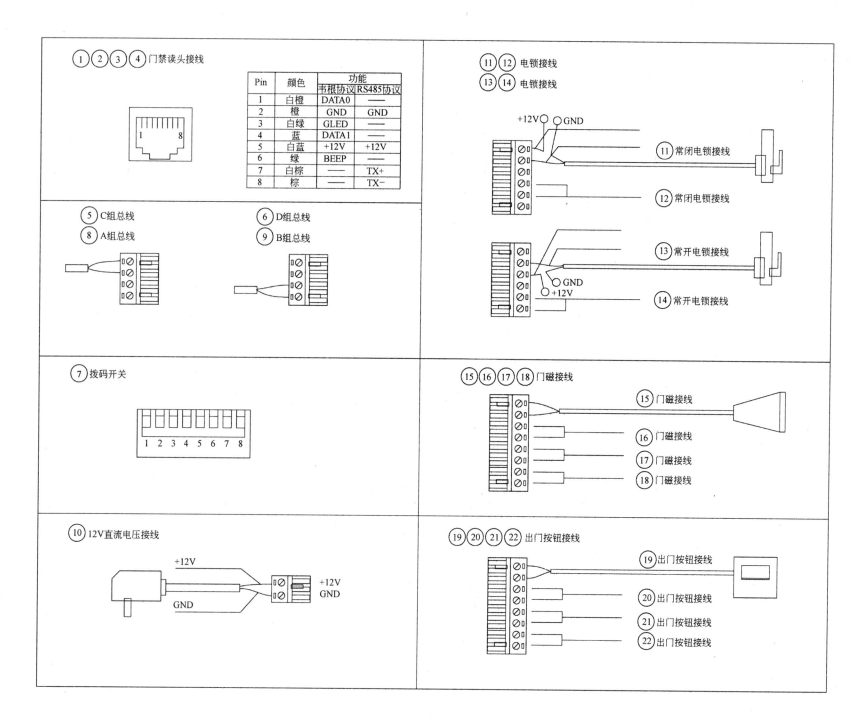

Pin	颜色	功能	
		韦根协议	RS485协议
1	白橙	DATA0	—
2	橙	GND	GND
3	白绿	GLED	—
4	蓝	DATA1	—
5	白蓝	+12V	+12V
6	绿	BEEP	—
7	白棕	—	TX+
8	棕	—	TX−

ACS4000-RD4 门禁控制器接线图	图号
SAFTOP 国际有限公司	AF5-12

81

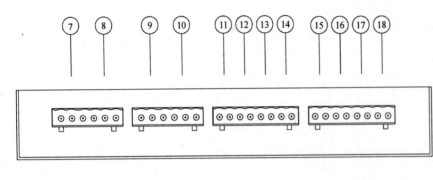
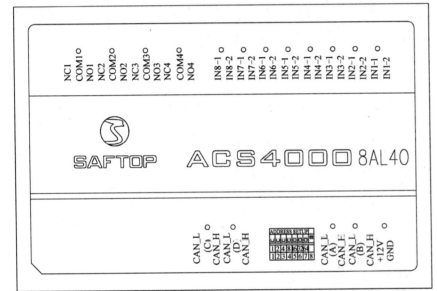
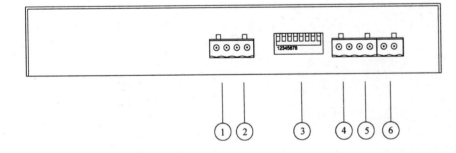
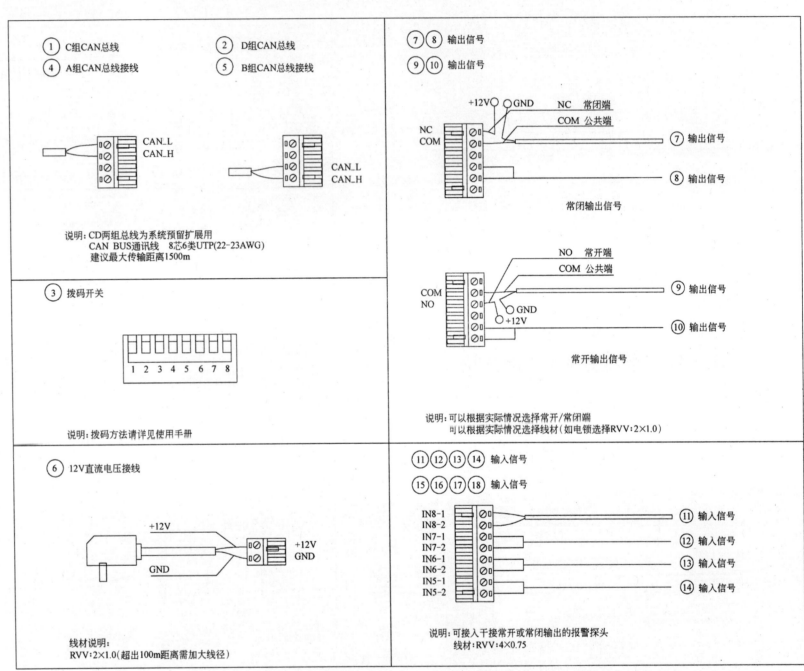

① C组CAN总线　　　　　② D组CAN总线

④ A组CAN总线接线　　　⑤ B组CAN总线接线

CAN_L
CAN_H

CAN_L
CAN_H

说明:CD两组总线为系统预留扩展用
CAN BUS通讯线　8芯6类UTP(22-23AWG)
建议最大传输距离1500m

③ 拨码开关

1 2 3 4 5 6 7 8

说明:拨码方法请见详见使用手册

⑥ 12V直流电压接线

+12V

GND

+12V
GND

线材说明:
RVV:2×1.0(超出100m距离需加大线径)

⑦ ⑧ 输出信号

⑨ ⑩ 输出信号

+12V　GND　NC　常闭端
　　　　　　　COM　公共端

NC
COM

⑦ 输出信号

⑧ 输出信号

常闭输出信号

NO　常开端
COM　公共端

COM
NO

⑨ 输出信号

GND
+12V

⑩ 输出信号

常开输出信号

说明:可以根据实际情况选择常开/常闭端
可以根据实际情况选择线材(如电锁选择RVV:2×1.0)

⑪ ⑫ ⑬ ⑭ 输入信号

⑮ ⑯ ⑰ ⑱ 输入信号

IN8-1
IN8-2
IN7-1
IN7-2
IN6-1
IN6-2
IN5-1
IN5-2

⑪ 输入信号

⑫ 输入信号

⑬ 输入信号

⑭ 输入信号

说明:可接入干接常开或常闭输出的报警探头
线材:RVV:4×0.75

ACS4000-8140 报警控制器接线图	图号
SAFTOP 国际有限公司	AF5-13

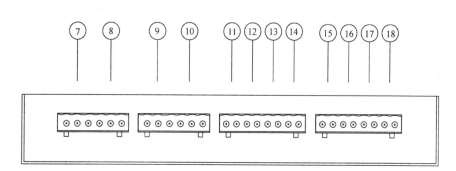

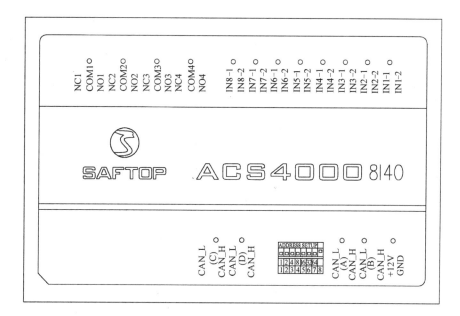

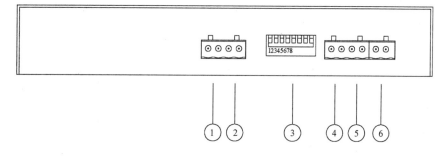

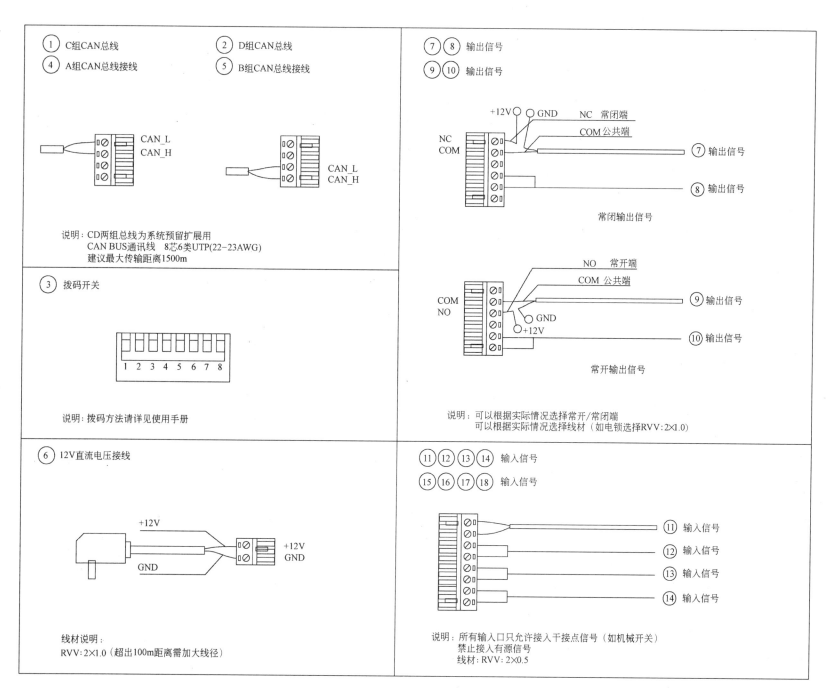

① C组CAN总线 ② D组CAN总线
④ A组CAN总线接线 ⑤ B组CAN总线接线

CAN_L
CAN_H

CAN_L
CAN_H

说明：CD两组总线为系统预留扩展用
CAN BUS通讯线 8芯6类UTP(22-23AWG)
建议最大传输距离1500m

③ 拨码开关

1 2 3 4 5 6 7 8

说明：拨码方法请见使用手册

⑥ 12V直流电压接线

+12V

GND

+12V
GND

线材说明：
RVV: 2×1.0（超出100m距离需加大线径）

⑦ ⑧ 输出信号
⑨ ⑩ 输出信号

+12V GND NC 常闭端
COM 公共端
NC
COM
⑦ 输出信号
⑧ 输出信号

常闭输出信号

NO 常开端
COM 公共端
COM
NO
⑨ 输出信号
GND
+12V
⑩ 输出信号

常开输出信号

说明：可以根据实际情况选择常开/常闭端
可以根据实际情况选择线材（如电锁选择RVV: 2×1.0）

⑪ ⑫ ⑬ ⑭ 输入信号
⑮ ⑯ ⑰ ⑱ 输入信号

⑪ 输入信号
⑫ 输入信号
⑬ 输入信号
⑭ 输入信号

说明：所有输入口只允许接入干接点信号（如机械开关）
禁止接入有源信号
线材：RVV: 2×0.5

ACS4000-8140 灯光/风机联动控制器接线图	图号
SAFTOP 国际有限公司	AF5-14

83

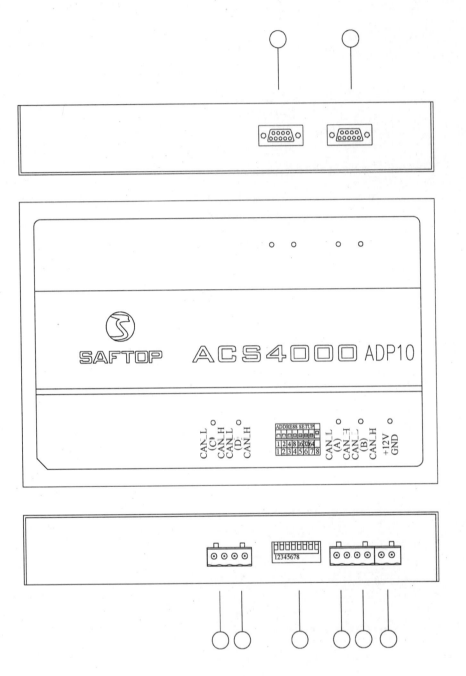

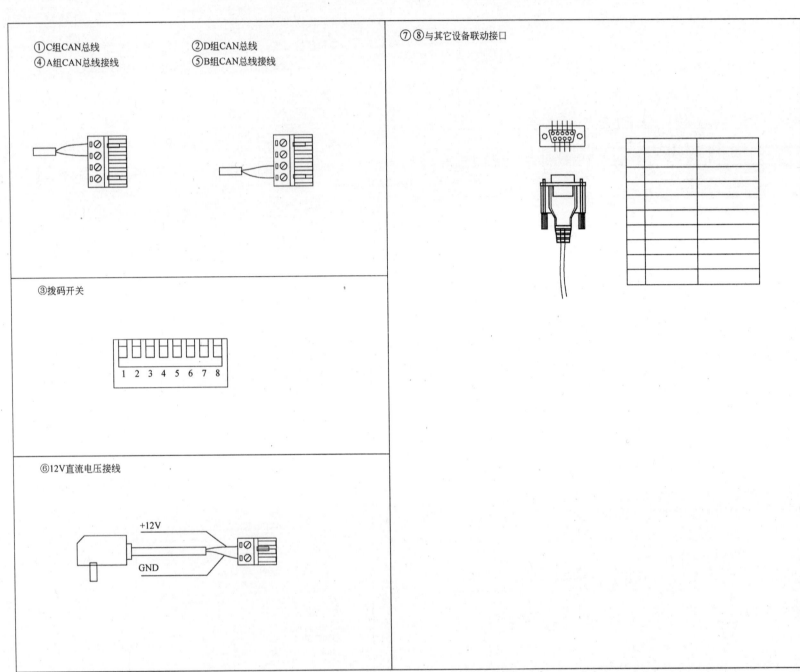

①C组CAN总线　　　　②D组CAN总线
④A组CAN总线接线　　⑤B组CAN总线接线

③拨码开关

| 1 | 2 | 3 | 4 | 5 | 6 | 7 | 8 |

⑥12V直流电压接线

+12V

GND

⑦⑧与其它设备联动接口

ACS4000-ADP10 风机联动控制器接线图	图号
SAFTOP 国际有限公司	AF5-15

ASIMS4000 系统各模块性能 （一）

1. 控制主机

SAFTOP ASIMS4000 系统控制主机是基于 PHILIPS ARM7TDMI-S 核 32 位的嵌入式计算机，装备 4 组可完全独立的工业级 CAN 通讯总线，是一个功能强大的可完全脱离服务器运行的系统控制主机。

系统控制主机是把报警系统、闭路监控、空调控制、风机控制、灯光控制、电梯控制等与一卡通的各个子系统真正集成到一个系统平台上进行控制与管理，有着无可比拟的优越性：

所有子系统统一软件平台，统一数据库，统一通信总线，统一通讯协议，统一设备编址，统一消息机制，统一扩展接口，统一联动设置。

特点与功能：

- 32 位 ARM 处理器的强大的通信和处理能力
- 强大的 4 组 CAN 工业级通讯引擎
- 符合工业级别的可靠性设计
- 便于机箱导轨多种方式安装的精心设计
- 装载安全可靠的 uC/OS 嵌入式操作系统

2. 四门控制器

ASIMS4000 系统中门禁控制系统是最为强大的功能模块之一，ASIMS4000 的门禁模块具备强大的数据库功能和即时数据处理能力，并可在同一平台与报警系统、灯光空调、电梯控制、停车管理等一卡通系统等设备实现数据共享、硬件资源共用及灵活方便的联动设置，以及快速实时的事件监控，可以处理更多更为复杂的现场情况。完备的运作模式满足消防安防需要。

支持 2 个双向门或 4 个单门，可接 4 个读卡器，8 个输入和 4 个输出用于门磁、出门按钮和门锁控制。

可与 ASIMS4000 系统任一控制器进行联动，而无需服务器支持，可应用于刷卡开灯或布撤防等。

3. 报警控制器

ASIMS4000 系统八防区报警控制器自带 8 个可独立布防和撤防的防区，可选择 ACS4000-IO 通用扩展模块作为输入或输出扩展，可直接由门禁的刷卡进行布防与撤防，可通过计算机或报警中心主机键盘布防与撤防；一个系统可支持多达 96800 个防区。

可直接通过 ACS4000-HT 主机的时间表或事件消息布防与撤防；任意可编程的防区功能，任意级别的操作员权限和物理区域权限；实时上传事件记录，计算机脱机时可保存 4000 条事件记录，断电不丢失，在脱离计算机时，可与 ASIMS4000 系统的任一模块进行联动或布撤防各发送报警消息到指定的报警装置。

4. CCTV 控制联动控制器

ASIMS4000 系统的 CCTV 控制模块是一个 ASCII 码协议转发器，通过指定的数据端口发出指令，即可对 CCTV、报警系统或其它设备实现联动控制，大大减少了工作量及开支。ASIMS4000 系统的 ASCII 编码协议接口是免费的，可以由用户任意定义，对 CCTV、DVR 的品牌没有限制。只要矩阵和硬盘录像机产品能通过 RS-232/RS485/RS422/TCP-IP 接口接受 ASCII 编码协议就可以。

ASIMS4000 系统各模块性能 （一）	图号
SAFTOP 国际有限公司	AF5-16

5. 灯光控制器

ASIMS4000 系统在需要控制的区域安装相应的灯光控制器，就可以在本地或控制中心对这些照明区域的灯光进行控制，并且可以与门禁刷卡以及总线上的任何设备设置联动关系，如，刷卡开门时，在晚上 6 点之后自动打开指定的灯光。

不仅可以控制照明光源的发光时间、亮度，还可以由门禁系统、红外遥控系统及时间程序等其它系统来触发不同的灯光场景，实现人性化和节能要求；还可以通过电子地图来管理灯光，用户可对任意一个或多个灯光回路根据用途或物理位置自由组合成一个场景进行控制或设置时间程序自动控制或定时控制。

6. 风机盘管控制器

风机盘管控制器（ACS4000-BC）可直接连接在 ASIMS4000 系统的 CAN 总线上即插即用，就可以对二管道和四管道中央空调风机盘管的控制，带有加热和冷却控制，带有温度调节和温度显示，支持本地控制与中央远程控制。可通过管理软件设置与门禁系统及其它系统联动控制，如上午九点前刷卡自动打开空调，下午 7 点自动关闭空调。

7. 读卡器

ACS-KB/RD-M200 采用 ABS 工程塑料，抗金属屏蔽及抗读卡器间相互干扰能力强，产品性能稳定，先进的防死机电路设计，防浪涌保护。

使用 PHILIPS 数字式进口射频基站芯片，无误码设计，机身自带 LED 显示，采用 RS485 通讯，传输距离可达 1200m，支持多种密钥验证方式，安全程度高。

ACS-RD/KB-M300 读卡器采用 ABS 工程塑料。抗金属屏蔽及抗读卡器间相互干扰能力强。产品性能稳定，先进的防死机电路设计，防浪涌保护。

使用 PHILIPS 数字式进口射频基站芯片，无误码设计，机身自带 LCD 显示，ACS-KB-M300 使用业界最先进感应按键，长达 30 年使用寿命。采用 RS485 通讯，传输距离可达 1200m，可与 ACS4000-RD4 控制器进行双向加密通讯，支持多种密钥验证方式，安全程度高。

功能特点：
大屏 LCD 显示信息；
可调节音量的语音提示；
符合工业级别的可靠设计；
同时支持 ISO 14443 TYPE A、B、C 三种标准卡片读卡；
RS485 加密通讯；
支持密钥分散算法处理；15 键密码管理。

| ACS-KB-M200 | ACS-RD-M200 | ACS-KB-M300 |

ASIMS4000 系统各模块性能（二）	图号
SAFTOP 国际有限公司	AF5-17

86

参编单位联系电话

序号	单位名称	单位地址	邮编	联系人	电话	传真	电子邮箱	单位网站	备注
1	天津三星电子有限公司	天津经济技术开发区第四大街12号	300457	方红	022-25323340 13302001120	022-25328888	c.fanghong@samsung.com	www.samsungvss.com	
2	松下电器(中国)有限公司	北京市朝阳区光华路甲8号和乔大厦C座6层	100026	郑强	010-65626623 13701195224	010-65626188	zhengqiang@cn.panasonic.com	www.panasonic.cn	
3	通用电气智能科技(亚太)有限公司	北京市朝阳区光华路7号汉威大厦西区6层	100004	张达明	010-65611166 -223 13331020663	010-65611168	Daming.Zhang@ge.com	www.ge.com.cn	
4	博康安防(中国)有限公司	上海卢海区复兴中路1号申能国际大厦15B	200021	周立	021-53880666	021-53880660	sales@bocomdigital.com.cn	www.bocomsecurity.com.cn	
5	SAFTOP国际有限公司	深圳市高新技术南区国际科技商务平台C1栋3层	518056	郑超	0755-86169041	0755-86169037	sz@saftop.com	http://www.saftop.com	